"十四五"职业教育国家规划教材

中等职业教育餐饮类专业核心课程教材

FOOD
CARVING

食品雕刻

（第3版）

主编 张 玉

副主编 蒋廷杰 苏月才 叶 剑
周煜翔 张 哲

旅游教育出版社
·北京·

图书在版编目（CIP）数据

食品雕刻 / 张玉主编. -- 3版. -- 北京 ： 旅游教育出版社，2023.8

"十四五"职业教育国家规划教材

ISBN 978-7-5637-4584-5

Ⅰ．①食… Ⅱ．①张… Ⅲ．①食品雕刻－职业教育－教材 Ⅳ．①TS972.114

中国国家版本馆CIP数据核字（2023）第135633号

"十四五"职业教育国家规划教材

中等职业教育餐饮类专业核心课程教材

食品雕刻

（第 3 版）

主编 张玉

副主编 蒋廷杰 苏月才 叶剑 周煜翔 张哲

策　　划	景晓莉
责任编辑	景晓莉
出版单位	旅游教育出版社
地　　址	北京市朝阳区定福庄南里 1 号
邮　　编	100024
发行电话	（010）65778403　65728372　65767462（传真）
本社网址	www.tepcb.com
E - mail	tepfx@163.com
排版单位	北京旅教文化传播有限公司
印刷单位	唐山玺诚印务有限公司
经销单位	新华书店
开　　本	787 毫米 × 1092 毫米　1/16
印　　张	13
字　　数	137 千字
版　　次	2023 年 8 月第 3 版
印　　次	2023 年 8 月第 1 次印刷
定　　价	49.80 元

（图书如有装订差错请与发行部联系）

总码

第一篇　食品雕刻基础知识

第二篇　基础雕刻技能

第三篇　花卉雕刻技能

第四篇　鱼虫器皿雕刻技能

第五篇　禽鸟神兽雕刻技能

书中彩图
在线欣赏

基础雕刻技能

灯笼的雕刻

竹子的雕刻

椰子树的雕刻

南瓜的雕刻

花卉雕刻技能

月季花的雕刻

山茶花的雕刻

牡丹花的雕刻

鱼虫器皿雕刻技能

神仙鱼的雕刻

第3版 出版说明

此教材再版之际，正值中国共产党第二十次全国代表大会胜利闭幕之时。

为贯彻落实党的二十大精神，按照教育部教材局和职业教育与成人教育司要求，我社在前期根据专家审读意见和各省教材排查问题清单、修改完善教材的基础上，结合教材有关内容，及时全面准确体现党中央的最新要求，进一步修改完善了"十四五"职业教育国家规划参评教材、参加复核的"十三五"职业教育国家规划教材，加快推进党的二十大精神进教材，进课堂，进头脑。

首先，落实"立德树人根本任务"进教材。充分发挥教材的思政作用，推进思想政治教育与专业课教材的一体化建设，推动理想信念教育常态化发展，把社会主义核心价值观教育融入教材编写中。具体落实时，或按照中等职业教育旅游类和餐饮类专业不同服务岗位的职责特点、工作内容，在教材中新增"思政教学资源"模块，融入爱国、敬业、诚信、友善等社会主义核心价值观教育，设计了中国服务者宣言；热爱专业，创新奋进；服务业中的劳模；职校生的责任担当；幸福都是奋斗出来的；一起向未来等思政专题。或新增"教学及考核建议""考核标准"，特别增加德育考核指标，把课程思政的功能和作用充分体现在专业课教材的编写中，培养造就大批德才兼备的高素质人才。

其次，落实"制度自信、文化自信"进课堂。充分发挥旅游业服务国家"高水平对外开放"的功能和作用，响应国家从以制造业为主的开放扩展到以服务业为重点的开放政策，将教材的编写与开发重点放在培养面向高水平对外开放的旅游服务人才上，开发了《西餐制作》《西式面点制作》《西餐原料与营养》《热菜制作》《冷菜制作与艺术拼盘》《食品雕刻》《酒水服务》《饭店服务情境英语》《导游讲解》《旅游服务礼貌礼节》《旅游概论》等外向型专业课精品教材；或增设"思政教学资源"学习模块，设计了从中国饭店业的发展历程看中国改革开放的伟大成就、中国传统文化中的匠人精神等思政专题；或精选了与教材主题相关的中国非物质文化遗产、红色旅游文化、革命传统文化、餐饮文化、古诗词、礼仪之邦的待客之道等内容，有机融入中华优秀传统文化、革命传统、民族团结、健康中国及生态文明教育，努力构建中国特色话语体系；或把对传统文化的审美融入菜品制作中，体现了教材的思想性、艺术性和适用性，教育学生自信自强、守正创新。

最后，落实"工匠精神和劳模精神"进头脑。重新梳理了旅游类和餐饮类专业的课程设计思路，将工作岗位要求具备的职业意识、职业道德、职业行为规范、创新精神和实践能力等内容融入从"原料选择"到"加工成型"等岗位工作过程中，再按照"由简单到复杂"的认知规律设计学习情境、组成课程内容，每个学习情境都是一个完整的工作过程。这一过程不仅包括了对学生职业技能的培养，更包含了对学生专业精神、职业精神、工匠精神和劳模精神潜移默化的培养。在部分教材中穿插设计"思政教学资源"学习模块，内容涉及凡事预则立，不预则废；让工匠精神照亮职业生涯；劳模精神、劳动精神、工匠精神的深刻内涵；发扬"三牛"精神；服务也需要创新意识；职校生的管理思维等思政专题，把工匠精神和劳模精神武装进头脑。

前期根据专家审读意见和各省教材排查问题清单，我社组织教材编写人员及相关编辑及时制订修改计划，逐条落实专家意见，对《食品雕刻》教材进行了较大幅度完善。

第一，重新梳理了课程设计思路，主要将教材的立德育人目标放在首位，把对中国传统文化的介绍渗透到每一个雕刻作品中，精选了与雕刻主题相关的中国非物质文化遗产、红色旅游文化、古诗词等内容，在新增的34个"拓展空间"中一一进行介绍，并把对传统文化的审美融入菜品的雕刻中，体现了教材的思想性、艺术性和适用性。

第二，课程前新增"教学及考核建议"，让学生通过"独立地获取信息""独立地制订计划""独立地实施计划""独立地评价计划"，在动手实践中掌握职业技能和专业知识，构建属于自己的经验和知识体系；通过行动导向教学方法的实施，让学生学会学习、学会工作、学会计划与评估，培养学生的方法能力；通过小组学习的方式，要求学生学会与他人共处、学会做人，在学习过程中培养自己的社会能力。

第三，新增44个雕刻作品的"考核标准"模块，增设德育考核标准，把对学生工匠精神、创新精神、劳模精神及对中国传统文化认同感的培养渗透在每一个雕刻作品的考核中，让学生在掌握专业技能的同时，也能认识中国传统文化符号，了解中国传统手工营造技艺，感知每一件作品背后的文化寓意及专业精神、职业精神、工匠精神和劳模精神，充分发挥课程思政的功能和作用。

第四，根据专家意见，教材首批拍摄完成涉及基础雕刻技能、花卉雕刻技能、鱼虫器皿雕刻技能的8个食品雕刻教学视频。下一步将拍摄技术要求最高、难度最大的禽鸟神兽雕刻视频，争取在下一版中与读者见面。通过配套教学资源的逐步完善，我们力求为学生提供多层次、全方位的立体学习环境，使学习者的学习不再受空间和时间的限制，从而推进传统教学模式向主动式、协作式、开放式的新型高效教学模式转变。

第五，根据专家意见，在第一篇中增设了食品雕刻的刀法、主要技能技法及食品雕刻应用要领等食品雕刻基础知识。

第六，根据专家意见，本版将由单色印刷改为彩色印刷，以提升读者的阅读体验感。

本教材秉承做学一体能力养成的课改精神，适应项目学习、模块化学习等不同学习要求，注重以真实生产项目、典型工作任务等为载体组织教学单元。

教材以"篇"布局，分为食品雕刻基础知识、基础雕刻技能、花卉雕刻技能、鱼虫器皿雕刻技能、禽鸟神兽雕刻技能共五篇。基础知识部分主要讲解了食品雕刻的定义与作用，起源与发展，种类、特点及表现形式，以及食品雕刻所用原材料、应用要领和卫生安全及保管方法。其他雕刻技能部分对44个雕刻主题进行了细致的示范讲解。每个雕刻主题按知识要点、准备原料、技能训练、拓展空间、温馨提示、考核标准六部分展开写作。知识要点部分，主要介绍了基础知识和必备工具；准备原料部分，罗列了完成每个雕刻主题所需主辅料；技能训练部分，按操作流程进行讲解，分步骤阐述技能操作的先后顺序、标准及要点；拓展空间部分，为满足学生个性化需求准备了小技能或中国传统文化知识介绍；温馨提示部分，总结了为降低学习成本而建议采用的替换原料及其他注意事项；考核标准部分，对学生的德育、理论及技能考核指标及完成每件作品的时间进行了细化。

本教材既可作为中职院校学生的专业核心课教材，也可作为岗位培训教材。

旅游教育出版社

2023 年 6 月

第 2 版 出版说明

《食品雕刻》是在 2008 年首版《食品雕刻教与学》基础上改版而来，自出版以来，连续加印、不断再版。2020 年，改版后的《食品雕刻》入选"十三五"职业教育国家规划教材。

为满足中等职业教育旅游类和餐饮类专业人才的培养需求，贯彻落实《职业教育提质培优行动计划（2020—2023 年）》和《职业院校教材管理办法》精神，我们对《食品雕刻》进行了修订。此次修订，主要根据中餐岗位实操需要，选择典型工作任务拍摄制作了 8 个教学微视频，内容涉及基础雕刻技能、花卉雕刻技能和鱼虫器皿雕刻技能。通过观看教学微视频，能够更直观地把教学重难点讲解到位，提高学生对专业知识的理解能力和动手能力。

概括起来，第 2 版教材主要按以下要求修订：

（一）以马克思列宁主义、毛泽东思想、邓小平理论、"三个代表"重要思想、科学发展观、习近平新时代中国特色社会主义思想为指导，有机融入中华优秀传统文化、革命传统、法治意识和国家安全、民族团结以及生态文明教育，弘扬劳动光荣、技能宝贵、创造伟大的时代风尚，弘扬精益求精的专业精神、职业精神、工匠精神和劳模精神，努力构建中国特色、融通中外的概念范畴、理论范式和话语体系，防范错误政治观点和思潮的影响，引导学生树立正确的世界观、人生观和价值观，努力成为德智体美劳全面发展的社会主义建设者和接班人。

（二）内容科学先进、针对性强，公共基础课程教材要体现学科特点，突出职业教育特色。专业课程教材要充分反映产业发展最新进展，对接科技发展趋势和市场需求，及时吸收比较成熟的新技术、新工艺、新规范等。

（三）符合技术技能人才成长规律和学生认知特点，对接国际先进职业教育理念，适应人才培养模式创新和优化课程体系的需要，专业课程教材突出理论和实践相统一，强调实践性。适应项目学习、案例学习、模块化学习等不同学习方式要求，注重以真实生产项目、典型工作任务、案例等为载体组织教学单元。

（四）编排科学合理、梯度明晰，图文并茂，生动活泼，形式新颖。名称、名词、术语等符合国家有关技术质量标准和规范。

（五）符合知识产权保护等国家法律、行政法规，不得有民族、地域、性别、职业、年龄歧视等内容，不得有商业广告或变相商业广告。

第 2 版修订情况对照表

序号	第 1 版		第 2 版修订情况		
	页码	内容	页码	内容	修订原因
1	001	前言	001	新增第 2 版说明	对教材的修订情况、定位、内容简介等进行了说明
2	001	前言	001	改写第 1 版出版说明、将二维码统一放至全书最后	全书统一格式
3	004	食品雕刻的起源与发展	003	重写	引文的出处不规范
4	008 009	食品雕刻工具及使用手法	008 009	换 4 幅插图	将配图加上了工作场景，更有针对性
5	011	食品雕刻工具及使用手法	011	更换拉刻刀法插图	新图更能体现拉刻这一动作

序号	第1版		第2版修订情况		
	页码	内容	页码	内容	修订原因
6	012 013	食品雕刻工具及使用手法	012 013	更换划、转、画3幅插图	新图更能体现划、转、画主题
7	017	熟食类原料	017	新增"大白菜"插图替换萝卜、冬瓜插图	优化
8	038	《和黄门寺卢侍郎咏竹》	038	《和黄门寺卢侍御咏竹》	原文有误
9	038	《题墨竹》	038	《题墨竹为郑尊师》	原文有误
10	041	食品雕刻工具及使用手法	041	更换插图	优化
11	044	雕刻祥云	044	新增插图	原文缺图
12	046	雕刻水浪	047	更换插图	优化
13	052	雕刻小南瓜	053	更换插图	优化
14	054	雕刻玲珑球	055	更换插图	优化
15	071	雕刻大丽花	071	更换图2	优化
16	073	雕刻月季花	073	更换插图	优化
17	074	雕刻月季花	074	替换技能训练内容	优化
18	076	三等份	076	五等份	文图不一致
19	077	白萝卜	077	青萝卜、胡萝卜	文图不一致
20	082	20度角	082	20^0夹角	计量单位有误
21	098	雕刻神仙鱼	098	更换插图	优化

续表

序号	第1版		第2版修订情况		
	页码	内容	页码	内容	修订原因
22	099 100	雕刻神仙鱼	099 100	更换图1至图8	优化
23	101	雕刻金鱼	101	更换插图	优化
24	105	雕刻鲤鱼跃水	105	更换插图	优化
25	108–110	雕刻蝴蝶	108–110	更换5幅插图	优化
26	111–112	雕刻蝈蝈	111–112	更换5幅插图	优化
27	118–119	鸟翅膀的雕刻	118–119	更换5幅插图	优化
28	120	小鸟爪的雕刻	120	更换插图	优化
29	128	小知识——鹦鹉	128	重写	优化
30	143	45度	143	45^0	计量单位有误
31			167	新增二维码资源介绍及二维码	全套书统一格式
32			168	新增椰子树、灯笼、竹子、南瓜的雕刻，月季花、山茶花、牡丹花的雕刻，以及神仙鱼的雕刻8个教学微视频资源	突出理论和实践相统一，强调实践性

本教材既可作为中职院校学生的专业核心课教材，也可作为岗位培训教材。

旅游教育出版社

2021年11月

第1版 出版说明

2005 年，全国职教工作会议后，我国职业教育处在了办学模式与教学模式转型的历史时期。规模迅速扩大、办学质量亟待提高成为职业教育教学改革和发展的重要命题。

站在历史起跑线上，我们开展了烹饪专业及餐饮运营服务相关课程的开发研究工作，并先后形成了烹饪专业创新教学书系，以及由中国旅游协会旅游教育分会组织编写的餐饮服务相关课程教材。

上述教材体系问世以来，得到职业教育学院校、烹饪专业院校和社会培训学校的一致好评，连续加印、不断再版。2018 年，经与教材编写组协商，在原有版本基础上，我们对各套教材进行了全面完善和整合。

上述教材体系的建设为中等职业教育旅游类和餐饮类专业核心课程教材的创新整合奠定了坚实的基础，中西餐制作及与之相关的酒水服务、餐饮运营逐步实现了与整个产业链和复合型人才培养模式的紧密对接。整合后的教材将引导读者从服务的角度审视菜品制作，用烹饪基础知识武装餐饮运营及服务人员头脑，并初步建立起菜品制作与餐饮服务、餐饮运营相互补充的知识体系，引导读者用发展的眼光、互联互通的思维看待自己所从事的职业。

首批出版的中等职业教育旅游类和餐饮类专业核心课程教材主要有《热菜制作》《冷菜制作与艺术拼盘》《食品雕刻》《中式面点制作》《西式面点制作》《西餐制作》《西餐烹饪英语》《西餐原料与营养》《酒水服务》共9个品种，以后还将陆续开发餐饮业成本控制、餐饮运营等品种。

　　为便于老师教学和学生学习，本套教材同步开发了数字教学资源。

旅游教育出版社
2019 年 1 月

教学及考核建议

  "食品雕刻"是中等职业教育餐饮类专业核心课程，建议授课 275 课时（含拓展空间部分灵活把握的 83 课时），教材使用者可根据需要和地方特色增减课时。

  教材以学生为中心，以项目为载体，实施"教、学、做"一体化教学模式及考核模式。在教学中教师与学生互动，让学生通过"独立地获取信息""独立地制订计划""独立地实施计划""独立地评价计划"，在动手实践中掌握职业技能和专业知识，构建属于自己的经验和知识体系，培养学生的专业技能；通过行动导向教学方法的实施，让学生学会学习、学会工作、学会计划与评估，培养学生的方法能力；通过小组学习的方式，要求学生学会与他人共处、学会做人，在学习过程中培养自己的社会能力。

  本课程采用"教、学、做一体"的教学模式，以项目为单位，每学习完一个项目即进行与项目相关的考核。考核方法多元化，小组互测、教师考核等多种方法相结合。考核成绩按大纲要求按比例计入总成绩。其中，学生自评占 20%，教师理论考核占 30%，教师实操考核占 50%。

教学目标

1. 能熟练掌握作品的雕刻步骤、方法和要点。

2. 能熟练、合理使用刀具并保养刀具。

3. 操作时养成良好的卫生习惯。

4. 养成服务意识与团队合作意识。

5. 学会举一反三，培养创新意识。

德育目标

1. 培养良好的职业道德与食品卫生习惯，逐步树立爱岗敬业意识。

2. 能塑造良好的形体形象，具有健康的体魄。

3. 具有良好的职业道德，具有进行职业生涯规划的能力。

4. 具有较强的心理调节能力。

5. 具有适应岗位转换、进行职业拓展的能力。

教学方法

1. 基于工作岗位，将职业意识和职业道德培养潜移默化地用于教学设计中。

2. 集中式"教、学、做"一体的现场教学方法。

3. 讲授法、演示法、任务驱动教学法。

4. 自主探究、合作式学习。

5. 实操综合能力测试。

课时安排

1. 理论课：20%

2. 实操课：80%

第一篇

食品雕刻基础知识

　　本篇学习的是食品雕刻基础知识，主要介绍了食品雕刻的定义与作用，起源与发展，种类、特点及表现形式，雕刻工具及主要技能技法，以及食品雕刻所用原材料、应用要领和卫生安全及保管方法。

01
基础 食品雕刻的定义与作用

　　菜肴的营养、味道、质感固然很重要，但其色泽和造型也占有十分重要的位置。菜品的造型、色彩和意境等视觉审美的因素，也就是我们所说的菜品的"卖相"，是一道菜品色、香、味、形俱佳的要素之一。食品雕刻就是在追求烹饪造型艺术的基础上发展起来的一种点缀、装饰和美化菜品的应用技术。

　　食品雕刻艺术是中国烹饪艺术的一朵奇葩，有着悠久的历史文化底蕴。食雕工作者们运用整雕、浮雕、镂空雕、组合雕等不同技法，将各类果蔬、固体食材，如黄油、琼脂等食用原料雕刻成花鸟虫鱼、飞禽走兽、楼亭阁宇、吉祥人物，这些种类繁多、精美绝伦的食雕作品被巧妙地应用在菜品中，让人们在品尝美食的同时，丰富了视觉上的审美享受，可以起到促进食欲、增加观赏性、让宴席更上档次、更有市场竞争力的作用。食品雕刻艺术化腐朽为神奇，从而更深层次地诠释了中国烹饪文化的博大精深。

02
基础 食品雕刻的起源与发展

食品雕刻作为美化菜肴造型的一种技术，在我国有着悠久的发展历史。

先秦时期的"雕卵"大概是最早的食品雕刻作品。到了晋代，食品雕刻已较为普遍。至唐代，宴席已采用雕刻技艺，这在《岭表录异》（卷中）有所记载："枸橼，子形如瓜，皮似橙而金色，故人重之，爱其香气。京辇豪贵家钉盘筵，怜其远方异果，肉甚厚，白如萝卜，南中女工，竟取其肉，雕镂花鸟，浸之蜂蜜，点以胭脂，擅其妙巧，亦不让湘中人镂木瓜也。"宋代的雕刻原料已发展至蜜饯果品，叫做"看菜"。这种"看菜"不是吃的，观赏兼摆阔用。如《武林旧事》（卷九）便记载了雕花蜜饯中的各种雕刻果品，如雕花梅球儿、雕花笋、雕花金橘、雕青梅荷叶儿、雕花姜、雕蜜笋花儿等。史籍上亦有宋人剖瓜做杯在香瓜上刻上花纹的记载，可见那时已出现了瓜雕。到了明清时期，江苏扬州瓜雕最为时兴，据《扬州画舫录》记载："……亦间取西瓜皮镂刻人物、花卉、虫鱼之戏，谓之西瓜灯。"在此基础上发展出瓜刻，将西瓜雕成花瓣，表面雕成山水、人物、动物、花鸟、草虫以增加立体感。其形式多样，千变万化，妙趣横生，至今仍为食品雕刻大家庭中的重要组成部分。

清代，中国的烹饪技术比历代发展都要快，食品雕刻与烹饪的结合比宋明两代又有所进步。食品雕刻成为酒宴上食客们赏心悦目的"看菜"。在清宫中有"吃一，看二，观三"的说法。这里就有食品雕刻的身影，在民间的各种祭祀活动中也能一窥食品雕刻的踪影。

新中国成立以来，食品雕刻技术呈现百花齐放、姹紫嫣红的局面。在继承传统的基础上，经过广大厨师和专业人士的积极探索和大胆创新，食品雕刻已与传统的玉雕、木雕等行业结合，无论是在内容上还是在形式及题材上，都有了突飞猛进的发展。如冰雕、果蔬雕刻、面塑、糖艺、翻糖、奶油裱花、塑料泡沫雕、花泥雕、喷沙雕、琼脂雕、黄油雕等被越来越多地应用到食品雕刻中。现在，一些大型酒店的厨房把从事食品雕刻的厨师独立出来，专门成立了"食品雕刻师"队伍，专司餐台的装饰工作。中国的食品雕刻艺术在国际上也获得了很高声誉，被外国朋友称作"东方食品的艺术明珠"！

03
基础 食品雕刻的种类、特点及表现形式

食品雕刻种类多样、形式各异。其类型和表现形式大体可归纳为以下几种：

1. 整雕：又称圆雕，是指用一整块原料雕刻成一个完整独立的立体作品，如鲤鱼戏水、丹凤朝阳等。其特点是具有整体性和独立性，立体感强，有较高的欣赏价值。

2. 组装雕刻：是指用两块或两块以上原料分别雕刻成型，然后组合成一个完整的作品。组装雕刻艺术性较强，但有一定难度，要求作者具有一定的艺术审美能力，掌握一定的艺术造型知识，刀工技巧娴熟。

3. 零雕整装：又称群雕，是用一种或多种不同的原料雕刻某个或多个作品的各个部位（部件），再将这些部位（或部件）组装成一组完整而复杂的群像作品，如鹤鹿同寿、仙女散花等。

4. 混合雕刻：即大型组装雕刻，它是指制作某一大型作品时，使用多种表现形式，最后组装完成。如表现某一城市特点的建筑，或某种特殊的组合作品。

5. 浮雕：指在原料表面雕刻出向外突出或向里凹进的图案，分凸雕和凹雕两种。

（1）凸雕（又称阳文雕）：把要表现的图案向外突出地刻在原料的表面。

（2）凹雕（又称阴文雕）：把要表现的图案向里凹陷地刻在原料的表面。

凸雕和凹雕表现手法不同，但雕刻原理相同。同一图案，既可凸雕，也可凹雕。初学者也可事先将图案画在原料上，再动刀雕刻，这样效果就

会更好。冬瓜盅、西瓜盅、瓜罐等雕刻都属于浮雕。

6.镂空雕：指用镂空透刻的方法把所需表现的图案刻留在原料上，去掉其余部分，使其更具立体感和观赏性。如西瓜灯就是镂空雕。

04
基础 食品雕刻工具及主要技能技法

一、食品雕刻常用工具

1.切刀：切刀一般用于切段、切块、切条、切丝等。可以横切、纵切、斜切。用于食材的初坯改刀。

2.主刀：用于食品的主要雕刻部分，是使用频率最高的刀具。分为直刀和弯刀两种。

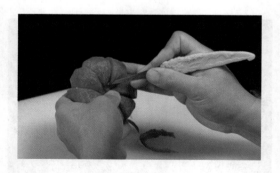

3.戳刀：分为圆口和三角口两种类型。

圆口戳刀（U形戳刀）：圆口戳刀有五至八种型号，用于雕刻半圆形的花瓣或鸟类的羽毛、鱼鳞、龙鳞等。

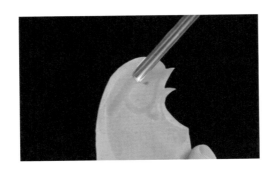

三角口戳刀（V形戳刀）：刀刃横断面呈三角形。一般有五种型号，主要用于雕刻一些带角度的花卉、鸟类羽毛和浮雕品的花纹等。其执刀运刀方法与圆口戳刀相同。

4. 拉刻刀：是针对食品雕刻的特殊手法，经过特殊设计的一种食品雕刻刀具。刀体一端的水平横截面呈圆弧形或三角形，另一端的水平横截面呈"V"形、"U"形、方形或梯形，可随时任意改变刀刃行走方向，刻出任意形状的曲线或文字。其使用十分方便，一次即可将花纹拉刻出来，只需调控用力大小，即可控制花纹深浅和形状。

二、食品雕刻刀法

食品雕刻的运刀手法，是指雕刻时持刀的姿势。雕刻工具繁多，通用的持刀方法、姿势归纳起来主要有以下几种：

1. 横握刀法：四指握住刀柄，用拇指抵住原料起支撑和稳定作用，夹紧雕刻刀向身体方向运刀。这种握刀法的运刀力量最大、最稳，但有时显得不够灵活。

2. 执笔刀法：握刀姿势如握笔，无名指和小指微微并拢内弯，并抵住原料使运刀平稳。

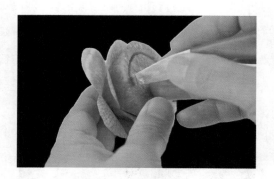

3. 戳刀刀法：戳刀刀法和执笔刀法相同。用拇指、食指和中指固定住戳刀的前部，无名指和小指抵住原料，由手指和手腕配合用力完成。在雕刻过程中，戳刀一定要压在原料上，向外用力。

4. 拉刻刀法：一般采用执笔刀法姿势，无名指和小指起支撑作用，靠拇指、食指和中指的收缩来运刀。

三、食品雕刻主要技能技法

食品雕刻技法与墩上加工切配菜肴原料时的手法不同，它有独到之处。现根据前辈厨师的雕刻技法和我们近十年来在食品雕刻过程中的具体实践，粗略总结如下几种手法，仅供同行参考。

1. 旋：多用于刻制各种花卉，它能使作品圆滑、规则。分为内旋和外旋两种手法。外旋适合于由外层向里层刻制花卉，如刻制月季、玫瑰等；内旋适合于由里层向外层刻制花卉，或两种刀法交替使用，如刻制马蹄莲、牡丹花等。

2. 刻：即在雕刻作品的基本大形确定的基础上，用主刀对作品进行细化雕刻。此手法贯穿雕刻全过程，是最常用、最关键的雕刻手法。

3. 插：将特制刀具插入原料中进行雕刻的一种手法，多用于刻制花卉和鸟类的羽毛、翅、尾、奇石异景、建筑等作品。

4. 划：是指经过构思，在要雕刻的物体上划出有一定深度的作品的大体形态和线条，然后再行雕刻的一种手法。

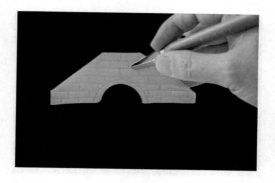

5. 转：是指在特定雕刻作品上运刀，使其具有规则的圆、弧形状。

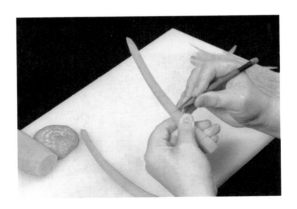

6. 画：常用于雕刻大型浮雕作品，它是在作品平面上表现出所要雕刻作品的大体形状和轮廓。

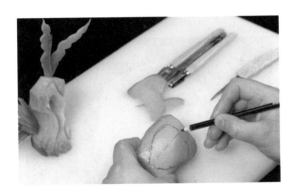

7. 削：是指把雕刻的作品表面"修圆"，达到表面光滑、整齐的一种运刀手法。

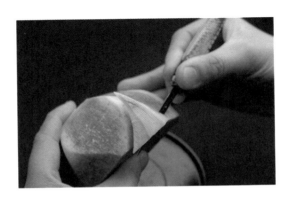

8.抠：是指用适宜的刻刀在雕刻作品特定位置抠除多余的部分。

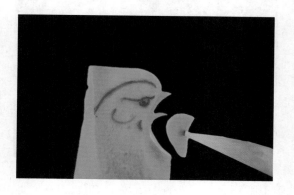

9.镂空：即用刀具将原料的特定部分刻空或刻出一定深度，如雕刻瓜灯、玲珑球等。

05
基础 食品雕刻常用原材料

　　适用于食品雕刻的原料很多，只要具有一定的可塑性，色泽鲜艳，质地细密，坚实脆嫩，新鲜的各类瓜果及蔬菜均可作为食品雕刻的原材料。另外，还有很多能够直接食用的可塑性食品，也可作为食品雕刻的原材料。常用的雕刻原材料有根茎类、瓜果类、叶茎类、熟食类等四大种类。

一、根茎类植物

1. 心里美萝卜：又称水萝卜，体大肉厚、色泽鲜艳、质地脆嫩、外皮呈淡绿色，肉呈粉红、玫瑰红或紫红色，肉心紫红。常用于雕刻各种花卉。

2. 圆白萝卜：体大肉厚，皮薄，肉呈白色，质地脆嫩，容易操控。常用于雕刻白云、花卉、仙鹤、孔雀。

3. 青萝卜：皮青肉绿，质地脆嫩，形体较大，色似翡翠。常用于雕刻形体较大的龙凤、孔雀、兽类、风景、龙舟、凤舟、人物及花卉、花瓶等。

4. 胡萝卜：色呈红色，肉质坚实细密，皮薄肉脆。形状较小，颜色鲜艳，常用于雕刻小型花卉及禽鸟、鱼、虫等。

5. 土豆：又名洋山芋、洋芋、洋苕、学名"马铃薯"。其肉质细腻，有韧性，没有筋络，多呈中黄色或白色，也有粉红色的，常用于雕刻花卉、人物、小动物等。

6. 莴笋：又名青笋，茎粗壮而肥硬，皮色有绿、紫两种。肉质细嫩且润泽如玉，多翠绿，亦有白色泛淡绿色的，可以用来雕刻龙、翠鸟、青蛙、螳螂、蝈蝈、各种花卉以及镯、簪、服饰、绣球等。

7. 红薯：又名甘薯、番薯、地瓜。肉质呈白色、粉红色或浅红色，有的有美丽的花纹，质地细密，可用来雕刻各种花卉、动物和人物。

8. 芋头：质地细密，肉色偏白，使用率很高。一般用于大型作品造型。

二、瓜果类原料

1. 西瓜：为大型浆果，呈圆形、长圆形、椭圆形。由于其果肉水分过多，故一般是掏空瓜瓤，利用瓜皮雕刻西瓜灯或西瓜盅。

2. 冬瓜：又名枕瓜，外形一般似圆桶，形体硕大，内空，皮呈暗绿色，外表有一层白色粉状物，肉质为青白色。可用来雕刻冬瓜盅。

3. 南瓜：又名番瓜，也称北瓜，分为扁圆形、梨果形、长条形。一般常用长条形南瓜进行雕刻。长条形南瓜又称"牛腿瓜"，是雕刻大型食品雕刻作品的上佳材料。南瓜用于雕刻黄颜色的花卉，各种动态的鸟类，大型动物以及人物、亭台楼阁等。

4. 黄瓜：常见的有青皮带刺黄瓜、白皮大个黄瓜、青白皮黄瓜、白皮短小黄瓜等品种。黄瓜用于雕刻船、盅、青蛙、蜻蜓、蝈蝈、螳螂、花卉以及盘边装饰物。

三、叶茎类原料

叶茎类原料主要为大白菜，其颜色有青白、黄白两种，色泽清爽淡雅，有自然层次，常用作雕刻菊花等花卉。此外，大白菜也常用来作为花卉、花盆及人物造型衣裙的填衬物。使用时一般剥去外帮，切去上半截叶子，留下半截靠根部的菜梗。梗虽脆嫩多汁，但由于纵向纤维较多，施刀时其组织不易脱落。

四、熟食类原料

1. 鸡蛋糕：有红、白、黄、绿色，用于雕刻龙头、凤头、孔雀头、亭阁等物以及较简单的花卉。雕刻时要选用面积宽、厚度大、质地均匀细腻、着色一致的糕块。

2. 整只蛋：如鸡蛋、鸭蛋等，加工成熟后，改刀成形，用以点缀鸟的嘴、眼、翅及各种花形、花篮、仙桃、荷花、金鱼、玉兔、小鹿、小猪等。

3. 肉糕类：如午餐肉、鱼胶肉糕等，主要用来雕刻和显示宝塔、桥等的轮廓，还可用作翅膀、羽毛等的辅助雕刻材料。

食品雕刻的原料种类繁多，这里就不一一列举了。

06
基础 食品雕刻应用要领

一、装点美化席面

为了使宴会的气氛更加热烈，充分表达主人的热情好客，在一些中高档宴会中要对席面进行美化设计。设计时常常根据宴会、酒会的主题及具体情况来设计雕刻作品，使之与宴会的主题达到协调一致的效果。

二、装饰美化菜肴

1. 点缀：就是根据菜品的色泽、口味、形状、质地等，用雕刻品加以陪衬。一般分为盘边装饰、周围装饰、盘心点缀、菜肴表面装饰等几种。

2. 盘边装饰：就是在盛菜盘碟的一边放菜，另一边放雕刻品。如"金龙献宝"等雕刻作品，可以使菜品丰满艳丽，大大增加菜品形体和色彩的艺术效果。

3. 周围装饰：即根据菜品色泽的需要，把雕刻作品摆放在菜肴周围，起到烘托装饰的作用。

4. 盘心点缀：就是在盛菜盘碟的中间放置雕刻作品，如"莲花宝灯"等，在盘碟四周或两边放菜，以此来营造整体艺术效果。

5. 菜肴装点：是指在菜肴的表面放上雕刻作品，以此来装点菜肴，增添菜肴的艺术性和审美情趣。

三、补充

就是将雕刻作品（如"孔雀开屏"）与菜肴摆放在一起，以构成和谐完美的艺术形象。雕刻品和菜肴互相映衬，达到整体完美生动、色调和谐、赏心悦目的效果。

四、盛装

是利用雕刻品代替盛器，来盛装菜肴或调味品，以此来美化器皿，增加菜肴的艺术性。

1.把雕刻作品应用到凉菜上，一般是将雕刻的部分部件配以凉菜原料，组成一个完整的造型，使雕刻作品与菜肴浑然一体。

2.把雕刻作品应用到热菜上，则要从菜肴的形状、寓意（多借助谐音）等几方面来考虑，使食品雕刻与整个菜肴产生协调一致的效果。

3.在具体摆放食品雕刻作品时，凉菜与雕刻作品可以距离近一些，热菜与雕刻作品则要距离远一些。

07

基础 食品雕刻作品的卫生安全及保管方法

一、食品雕刻作品的卫生安全

食品雕刻作品是一种装饰品，我们在发挥其美化菜品作用的同时，一定要做到不能对食品卫生与安全产生负面作用。国家有关卫生管理部门要求将食品雕刻作品和食品分开摆放，这样既能达到美化菜肴的效果，又不会对菜肴产生污染，可谓两全其美。

二、食品雕刻作品的保管方法

食品雕刻所用原料大部分都含有很多水分，如果保管不当，极易变形，既浪费原料，又会影响装饰效果。为了尽量延长食品雕刻作品的储存和使用期限，下面介绍几种保存方法：

1. 水泡法：将雕刻好的作品放入清凉的水中浸泡，或放入1%的明矾水浸泡，并保持水的清洁，如发现水变浑或有气泡，应及时换水。这样可以使食品雕刻成品保存较长时间。

2. 低温保存法：将雕刻好的作品用保鲜薄膜包好，放入冰箱冷藏，或将雕刻作品放入水中，移入冰箱或冷库，以不结冰为宜。这样可使之长时间不褪色，质地不变，延长使用时间。

3. 涂保护层保存法：用鱼胶粉熬好"凝胶"水涂刷作品，使作品表面形成一种透明薄膜防止水分流失。不用时便放到低温处存放，这样效果更好。

4. 喷水保湿保存法：这种方法一般用在较大看台中，展出期间应勤喷水，保持雕刻作品的湿度和润泽感，以防止其干枯萎缩、失去光泽。

第二篇

基础雕刻技能

　　本篇学习的是食品雕刻的基础制作方法，旨在通过对相对简单的造型进行雕刻制作，准确把握点、线、面的概念，学会对平面、立面及弧面进行刀工处理，训练横刀法、纵刀法、执笔法和戳刀法等基础运刀手法，进而掌握作品的比例关系、自然弧面的制作等进阶技术，制作出细致精巧、结构合理的作品。　同时通过对与作品相关的中国传统文化及技艺的了解，体会中国传统文化的艺术美，培养良好的审美观。

08
练习 雕刻祥云

知识要点

1. 基础知识：祥云，指象征祥瑞的云，是传说中神仙所驾的彩云。

2. 常用原料：宜选用质地结实、体积较长大的瓜果、根茎原料，如实心南瓜、青萝卜等。

3. 常用工具：主雕刀、U形戳刀等。

4. 常用手法与刀法：纵刀法、横刀法、执笔法、戳刀法。

准备原料

青萝卜1个，重约2斤

技能训练

1. 取青萝卜，切成中间厚、边缘稍薄的形状，画出云朵的云层图案。从最上面的云朵开始，用竖刀刻线条、平刀剜料面的手法进行雕制（图1、图2）。

2. 刻出上面的第一个云头，用同样的方法起出一个头，完成第二个云头的雕制（图3、图4）。

3. 完成其他云头的雕刻。注意外形要聚而不散，由多个云头共同构成一个云朵。修掉多余底料，刻出云尾，适当修饰后完成作品（图5、图6）。

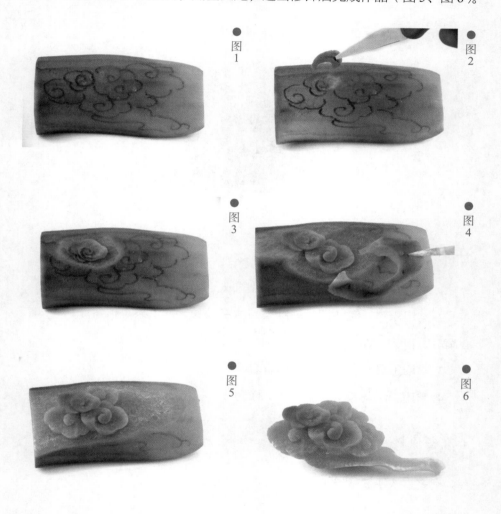

图1

图2

图3

图4

图5

图6

◀拓展空间▶

北京奥运火炬中的祥云图案

作为华夏文化的象征符号，云纹图案被广泛运用在中国传统建筑、瓷器、微雕、漆器、服饰及日常生活中。2008 年北京奥运会火炬就叫"祥云"，其创作灵感就来自"渊源共生、和谐共融"的中国文化符号——祥云图案。

云纹元素贯穿北京 2008 年奥运火炬的整体设计中：火炬底部进气口和火炬口的基本形状均为云纹图案。红色的祥云图纹精雕细琢在银色的基底上，从炬身正中部向上升腾，强烈地体现出中国传统艺术与现代设计的交融之美。借"祥云"之寓意，中国向全世界传递出了祥和的文化信息。

◀ 温馨提示 ▶

1. 取料不宜太薄，稍厚的料有利于表现云朵的立体感。

2. 走刀时线条要光洁，弧形折弯在同一个云头内不可过多。

3. 云朵应由多个云头聚集而成，云层由多个云朵聚集而成。忌单个云头过大，或单个云朵上云头过多。

4. 云朵由云头组成，同一个云头上的各瓣基本相平，各个云头相互分开。云朵外形最忌讳看似花朵。

◀ 考核标准 ▶

项目	标准	分值
德育	祥云是具有代表性的中国文化符号，说说其在中国传统文化中的寓意	30
	北京冬奥会颁奖礼服中有"瑞雪祥云"图案，体会祥云图案的艺术美	
	节约用料，能养成良好的成本管理习惯	
理论	掌握中国文化符号——祥云的结构特征	20
	了解祥云的文化寓意及该雕刻作品适用的场合	
技能	掌握对材料平面进行刀工处理的方法，能熟练运用纵刀法、执笔法	50
	刀工精细、线条流畅	
	结构合理、比例协调	
	能合理选用雕刻用料	
	能在 30 分钟内完成作品	

09
练习 **雕刻浪花**

◀ 知识要点 ▶

   1. 常用原料：宜选用质地结实、体积较长大的瓜果、根茎原料，如实心南瓜、青萝卜等。

   2. 常用工具：有主雕刀、U 形戳刀等。

   3. 常用手法与刀法：有横握法、执笔法、戳刀法等。

◀ 准备原料 ▶

   青萝卜 1 个，重约 2 斤

◀ 技能训练 ▶

   1. 取一根青萝卜，切下中间粗细均匀饱满的一段，对切后再切齐边缘粘接处，然后用 502 胶水将两段原料接在一起。注意两段原料中间不可凹陷。用水彩铅笔画出三个水浪的轮廓线条，两个向右、一个向左。用主刀沿线条边缘刻出浪花的大坯，并适当修整三个浪花的侧立面（图1、图2）。

2. 用较细长的主刀沿画好的浪花边缘线刻出浪头上的细节，并用U形戳刀与主刀在坯面上做出起伏状的水纹，并开出浪头顶上的水。自上向下、由前向后分别做好三个浪花的立体起伏面，并处理好细节（图3、图4）。

3. 完成整组浪花的雕刻，并在边角位置用切下的小料刻一些小浪花作为填补点缀。用主刀与U形戳刀进一步修刻后，将表面用水砂纸打磨光滑即完成整个作品。

图
1

图
2

图
3

图
4

◀拓展空间▶

海水江崖纹

海水江崖纹是中国的一种传统纹样，俗称"江牙海水"或"海水江牙"，是常饰于中国古代龙袍、官服下摆的吉祥浪花纹样。

海水江崖纹图案下端，通常斜向地排列着许多弯曲的线条，被称为水脚，水脚之上有许多波涛翻滚的水浪，水中挺立着岩石，并有祥云点缀，寓意福山寿海，同时隐含了"江山一统"和"万世升平"的意思。

◆ 温馨提示 ◆

1. 取料不宜太薄，稍厚的料有利于表现水浪的立体感。

2. 走刀时线条要光洁。

◆ 考核标准 ◆

项目	标准	分值
德育	浪花是中国传统吉祥图案之一，说说其在中国传统服饰文化中的寓意	30
	欣赏浪花图案在中国传统服饰中的艺术美	
	节约用料，能养成良好的成本管理习惯	
理论	掌握浪花的结构特征	20
	了解浪花在中国传统服饰文化中的寓意及该雕刻作品的适用场合	
技能	掌握对材料平面进行刀工处理的方法，能熟练运用执笔法、戳刀法	50
	刀工精细、线条流畅	
	动态自然、特征分明	
	能合理选用雕刻用料	
	能在 30 分钟内完成作品	

10
练习 雕刻凉亭

◆ 知识要点 ◆

1. 寓意与作用：亭，在古时候是供行人休息的地方。水乡山村，道旁多设亭，供行人歇脚，有半山亭、路亭、半江亭等。由于园林作为艺术是仿自然的，所以许多园林都设亭。但正是由于园林是艺术，所以园中之亭很讲究艺术形式。亭在园景中往往是个"亮点"，起画龙点睛的作用。此作品多用于冷盘、热菜、展台的围边装饰。

2. 常用原料：雕刻四角亭的常用原料是质地结实、体积较长大的瓜果、根茎原料，如实心南瓜、白萝卜等。

3. 常用工具：雕刻四角亭的常用工具有主雕刀、V 形拉刻刀和 U 形戳刀等。

4. 常用手法：雕刻四角亭的常用手法主要有直握法、横握法、执笔法、戳刀法。

◀ 准备原料 ▶

白萝卜 1 个，重约 2 斤

◀ 技能训练 ▶

1. 用菜刀将原料切成长方体（图1）。

2. 用尖头刀先在原料上面正中划两条互相垂直、与四周平行的直线，逐一沿着直线往下刻除一块余料，尖头刀的角度是 45°（图2）。

3. 分别在两角之间成 45° 角切除余料，刻出翘檐（图3）。

4. 用尖头刀沿翘檐弧线逐一挖去余料，刻出亭顶（图4）。

5. 刻除亭顶下面的余料，成四根柱子和底座（图5、图6）。

6. 取一块胡萝卜原料刻成葫芦形状，安在亭子顶部。用刻线刀刻出翘檐的线纹。

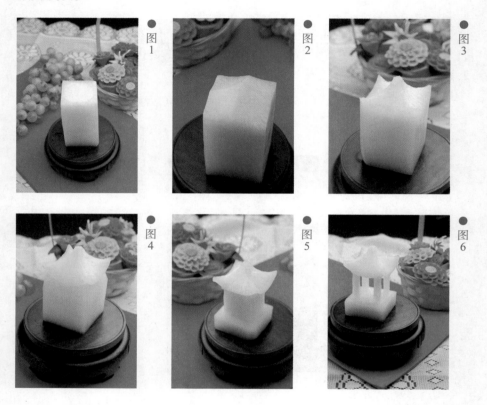

● 图1

● 图2

● 图3

● 图4

● 图5

● 图6

◀ 拓展空间 ▶

　　杭州西湖文化景观是中国唯一一个湖泊类文化遗产，它于2011年被联合国教科文组列入《世界遗产名录》。下面这首《钱塘湖春行》，描绘了贾亭脚下杭州西湖之美。

钱塘湖春行

唐·白居易

孤山寺北贾亭西，水面初平云脚低。

几处早莺争暖树，谁家新燕啄春泥。

乱花渐欲迷人眼，浅草才能没马蹄。

最爱湖东行不足，绿杨阴里白沙堤。

◀ 温馨提示 ▶

1. 雕刻时，亭子的四个角要翘起来，翘檐幅度大小要一致。

2. 雕刻的柱子粗细要均匀，刻成后要轻拿慢放，以防断裂。

3. 可通过组装的办法提高雕刻的速度。

4. 用此技法可雕刻三角亭、六角亭、八角亭等。

◀ 考核标准 ▶

项目	标准	分值
德育	了解亭台楼榭在中国传统文化中的寓意及重要性	30
	朗读白居易的《钱塘湖春行》，体会亭子在中国园林造景艺术中的作用	
	学会举一反三，培养创新意识	
理论	掌握中国园林艺术中亭子的结构特征	20
	能说出亭子在中国园林造景艺术中的作用	
技能	掌握对弧面进行刀工处理的方法，能熟练运用纵刀法、执笔法、戳刀法	50
	刀工精细、线条流畅	
	亭柱均匀、比例协调	
	能合理选用雕刻用料	
	能在 30 分钟内完成作品	

11
(练习) 雕刻宝塔

◀ 知识要点 ▶

1. 寓意与作用：宝塔，是中国传统的建筑物。在中国辽阔的大地上，随处都能见到保留至今的古塔。中国的古塔建筑多种多样，从外形上看，由最早的方形发展成了六角形、八角形、圆形等多种形状。中国宝塔的层数一般是单数，通常有五层到十三层。古代神话中常常描写到塔具有的神奇力量，如托塔李天王手中的宝塔能够降妖伏魔，《白蛇传》中的白娘子被和尚法海镇在雷峰塔下等，这是因为佛教认为塔具有驱逐妖魔、护佑百姓的作用。此作品多用于冷盘、热菜、展台的围边装饰。

2. 常用原料：雕刻宝塔的常用原料主要有质地结实、体积较长大的瓜果、根茎原料，如实心南瓜、白萝卜等。

3. 常用工具：雕刻宝塔的常用工具主要有主雕刀、V 形拉刻刀和 U 形戳刀等。

4. 常用手法：雕刻宝塔的常用手法主要有直握法、横握法、执笔法以及戳刀法。

◀ 准备原料 ▶

胡萝卜 1 个，重约 2 斤

◀ 技能训练 ▶

1. 用菜刀将胡萝卜切成上窄下宽的四角锥形粗坯（图 1）。

2.屋面的高度约为层高的一半。刻第一层时，先刻出屋脊和屋面（图2），然后刻出屋檐，再刻出墙壁和墙壁下部的走廊（图3）。最后用同样的方法雕刻出其他几层（图4、图5）。

3.雕刻墙体结构，在每层墙体上刻出柱子或门窗等结构。使用V形拉刻刀刻出屋檐瓦片（图6）。

4.雕刻塔顶（刻成葫芦形状），安在塔顶再进行最后的修整装饰即可（图7、图8）。

图1

图2

图3

图4

图5

图6

图7

图8

延安宝塔

延安宝塔是中国革命的精神标识，它位于中国革命的圣地——延安。老一辈无产阶级革命家在宝塔下生活战斗了十三个春秋，领导全国人民夺取了抗日战争、解放战争的伟大胜利，培育了光照千秋的延安精神，使这里成为中国共产党人的精神家园。

◆ 温馨提示 ▶

1. 选料时一定要选用长圆柱形的原料，这样才便于塑造宝塔形状。

2. 宝塔的结构复杂，其层数一般为单层，如五层、七层、九层等。

3. 应保证瓦檐的弧度大小一致，侧面所去废料应该相等，否则会出现塔身歪斜的现象。

4. 可分别进行四边形、六边形、八边形宝塔的雕刻练习。

5. 用此技法可雕刻六角塔、八角塔等。

◆ 考核标准 ▶

项目	标准	分值
德育	延安宝塔是革命圣地延安的标志性建筑，说说它的结构特征	30
	从构造方面说说应县木塔为什么成为世界上现存最古老、最高大的木塔	
	学会举一反三，培养创新意识	
理论	掌握中国古代建筑中宝塔的结构特征	20
	掌握宝塔的文化寓意及该雕刻作品的适用场合	
技能	掌握对材料立面进行刀工处理的方法，能熟练运用执笔法、戳刀法	50
	刀工精细、线条流畅	
	塔身直立、比例协调	
	能合理选用雕刻用料	
	能在30分钟内完成作品	

12
练习 雕刻石拱桥

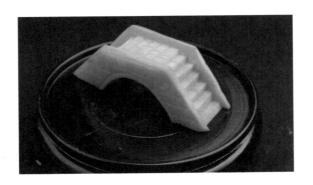

◆ 知识要点 ◆

1. 寓意与作用：石拱桥，是我国传统的三大桥梁基本形式之一。它是我国古代灿烂文化的一个组成部分，在世界上曾为祖国赢得荣誉。迄今保存完好的大量古桥，是历代桥工巨匠精湛技术的历史见证，显示出我国劳动人民的智慧和力量。桥梁在民间代表着友好、友谊、姻缘永恒的连接。此作品多用于冷盘、热菜、展台的围边装饰。

2. 常用原料：雕刻石拱桥的常用原料主要是质地结实、体积较长大的瓜果、根茎原料，如实心南瓜、白萝卜等。

3. 常用工具：雕刻石拱桥的常用工具是主雕刀、刻线刀等。

4. 常用手法和刀法：雕刻石拱桥的常用手法有直握法、横握法、执笔法、戳刀法和旋刻刀法。

◆ 准备原料 ◆

胡萝卜1个，重约2斤

1. 用菜刀将原料直切成梯形，上下底面要平行，两侧梯形坡度要一致（图1）。

2. 用尖头刀刻出桥的两边保护栏，使之露出桥面（图2）。

3. 从梯形一侧的底部开始，用直刀先垂直于底面直刻一刀，再平行于底面横割一刀，与直刀处相会后除掉废料，逐一刻出台阶（图3）。

4. 在梯形的中下部刻出弧形桥洞，用旋刻刀法将桥洞修平滑（图4）。

5. 用刻线刀在桥身上刻出大小一致的砖头纹路。

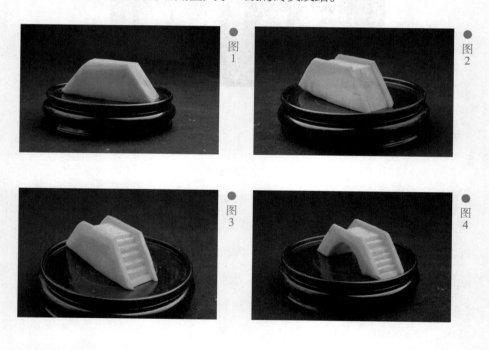

● 图 1
● 图 2
● 图 3
● 图 4

◆ 拓展空间 ▶

赵州桥

赵州桥，又名安济桥，也叫大石拱桥，坐落在河北省赵县城南5里的洨河上。它不仅是中国第一座石拱桥，也是当今世界上第一座石拱桥。唐代文人赞美桥如"初云出月，长虹饮涧"。这座桥始建于隋朝，由一名普通的石匠李春所建，距今已有1400多年的历史。在漫长的岁月中，虽然经过无数次洪水冲击、风吹雨打、冰雪风霜的侵蚀和地震的考验，它却安然无恙，巍然挺立在汶河上。为使桥面坡度小，李春将桥高与跨度设计成1:5的比例，这样既便于行人来往，也便于车辆通行；拱顶高，又便于桥下行船。他又在大拱的两肩上，各做两个小拱，使得整个桥形格外均衡、对称，既便于雨季泄洪，又节省了建筑材料。其结构雄伟壮丽、奇巧多姿、布局合理，多为后人所效仿。李春设计的桥面坦直，共分三股，中间走车马，两旁走行人，不仅可使秩序井然，且又能防止交通事故的发生。在1400多年前，在技术十分落后的情况下，一个普通石匠有这样高超的技术，实为难能可贵。

◀ 温馨提示 ▶

1. 雕刻时，桥面要协调一致，台阶高低要大致相等。

2. 桥拱的跨度要适当，否则比例会不协调。

3. 可先训练梯形的雕切，要求上下平行、两边角度相等。

◀ 考核标准 ▶

项目	标准	分值
德育	石拱桥是中国传统桥梁四大基本形式之一，说说它的结构特征	30
	赵州桥用料省、结构巧、强度高，请通过其营造技艺学习古人的工匠精神	
	节约用料，能养成良好的成本管理习惯	
理论	掌握中国古代建筑中石拱桥的结构特征	20
	了解石拱桥的营造技艺	
技能	掌握对材料平面、立面进行刀工处理的方法，能熟练运用执笔法、戳刀法	50
	刀工精细、线条流畅	
	跨度适当、比例协调	
	能合理选用雕刻用料	
	能在30分钟内完成作品	

跟着视频学
雕刻

13
练习 **雕刻灯笼**

◀ 知识要点 ▶

1. 寓意与作用：灯笼是中国古时灯具的一种，早在唐朝就有使用灯笼的记载。相传唐明皇于元宵节在上阳宫大陈灯影，借着闪烁不定的灯光，寓意"彩龙兆祥，民富国强"。后来，张灯结彩就成了中国人欢庆佳节的必修项目。

2. 常用原料：雕刻灯笼宜选用质地结实、体积较长大的瓜果、根茎类原料，如实心南瓜、白萝卜等。

3. 常用工具：有主雕刀、V 形拉刻刀和 U 形戳刀等。

4. 常用手法与刀法：有执笔法、横握法、戳刀法等。

◀ 准备原料 ▶

胡萝卜 1 个，重约 2 斤

◀ 技能训练 ▶

1. 用刀将原料切成半圆体（图1）。

2. 将竹签夹在原料两侧，用雕刻主刀垂直下刀，每片间隔2毫米，将整块原料切好（图2）。

3. 以蓑衣花刀的切法把原料背面切好（图3）。

4. 用502胶把原料两头粘好，成灯笼状（图4）。

5. 另取原料将灯笼的挂绳与飘带雕刻好，蘸上少量502胶，把挂绳与飘带粘贴在灯笼上下两面。需要注意的是，组装的配件大小必须整体协调。

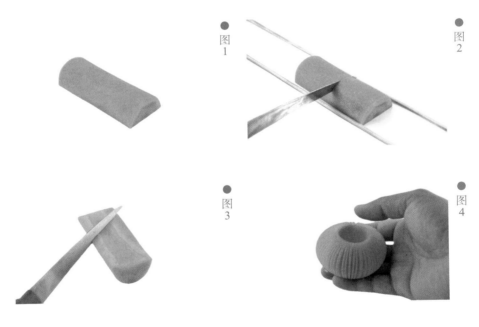

◀ 拓展空间 ▶

泉州花灯

泉州花灯灯彩艺术为国家级非物质文化遗产，以其独有的刻纸、针刺工艺和料丝镶装技艺闻名于世。

"刻纸灯"工艺的首创者是泉州刻纸大师李尧宝（1892—1983），花灯的所有图案全由其自己设计，再用刻刀在纸板上刻出来。刻纸灯不用骨架，全以刻好图案的纸板拼成。后来，李尧宝又在这些镂空的图案内镶上玻璃丝，创作出精美绝伦的刻纸料丝灯。1978年，艺人蔡炳汉创作"针刺无骨灯"。这种灯的图案全是用钢针在制图纸上密密麻麻刺出来的，光源从针孔中透出，显得晶莹剔透、璀璨夺目。

◀ 温馨提示 ▶

1. 灯笼初坯大小要一致。

2. 蓑衣花刀：是指在原料的一面如麦穗形花刀那样剞一遍，再把原料翻过来，用推刀法剞一遍，其刀纹与正面斜十字刀纹成交叉纹，两面的刀纹深度约至原料的 4/5 处。把经过这样加工的原料提起来，就会形成蓑衣状。

3. 可通过组装的办法提高雕刻的速度。

◀ 考核标准 ▶

项目	标准	分值
德育	中国多地的灯彩艺术被列入国家级非物质文化遗产名录，说说它们的艺术价值及传承人的工匠精神	30
	汴京灯笼张的张氏彩灯造型有"龙凤呈祥灯""牡丹富贵灯"等，请了解这门艺术的传统文化内涵	
	节约用料，能养成良好的成本管理习惯	
理论	掌握中国传统灯笼的结构特征	20
	了解中国传统灯笼的文化寓意及其营造技艺	
技能	掌握对材料立面进行刀工处理的方法，能熟练运用纵刀法	50
	下刀均匀、线条流畅	
	蓑衣花刀刀法自然、比例协调	
	能合理选用雕刻用料	
	能在30分钟内完成作品	

14

跟着视频学
雕刻

练习 **雕刻竹子**

◆ **知识要点** ▶

　　1. 寓意与作用：竹，秀逸有神韵，纤细柔美，常青不败，象征青春永驻。春天的竹子潇洒挺拔、清丽俊逸，如翩翩君子；竹子空心，象征谦虚、能自持；竹弯而不折，折而不断，象征柔中有刚会做人；竹节毕露，竹梢拔高，比喻高风亮节，生而有节。唐张九龄咏竹，称"高节人相重，虚心世所知。"（《和黄门卢侍御咏竹》）。淡泊、清高、正直，是中国文人追求的竹子精神。元杨载《题墨竹为郑尊师》："风味既淡泊，颜色不妖媚。孤生崖谷间，有此凌云气。"

　　2. 常用原料：雕刻竹子宜选用质地结实、体积较长大的瓜果、根茎原料，如实心南瓜、青萝卜等。

　　3. 常用工具：有主雕刀、V 形和 U 形戳刀等。

4. 常用手法与刀法：有横握法、执笔法、戳刀法等。

◀ 准备原料 ▶

青萝卜 1 个，重约 2 斤

◀ 技能训练 ▶

1. 将青萝卜取出长条与短块两种形状，分别作为竹枝与竹桩用料，修去棱角，用作竹枝材料（图 1、图 2）。

2. 用小号 U 形戳刀开出枝节的位置，将每个竹节的原料修小，使外枝节凸起（图 3、图 4）。

3. 用小号 V 形戳刀处理竹节上的细节。修整后用水砂纸打磨光洁，完成竹枝的制作（图 5、图 6）。

4. 把青萝卜皮刻成树叶，将边缘修薄，三片为一组接好（图 7）。

5. 将另外一块料制成一个残破的竹桩，用插花铁丝、胶纸做成细竹子，粘在一块底料上，将叶子、小花草一起组成作品（图 8）。

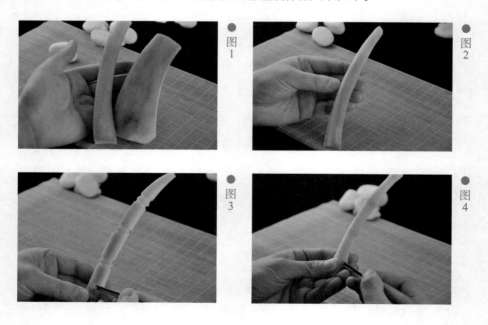

图 1　图 2　图 3　图 4

图 5

图 6

图 7

图 8

◆ 拓展空间 ▶

竹子也有大用处

小小的竹子，在国宝大熊猫口中是丰盛美味的大餐，在美食家手中是飞舞的筷子，在农人肩上是收获的背篓，而在大国工匠手中，它摇身一变，成为使用寿命超过 50 年的地下管廊新材料。

中国林业集团的技术人员叶柃敢于创新，2007 年，他偶然发现竹子轴向拉伸强度高、抗形变能力强的特性，随后，他便设想以竹纤维代替玻璃纤维生产压力管道，并发明了一项名为"竹缠绕"的新技术。

目前世界上管道使用量巨大，这意味着在低碳减排的大趋势下，竹缠绕管廊将可能应用于万亿级超级大市场。

◆ 温馨提示 ▶

1.雕刻时注意竹子粗细的变化。

2.可通过组装的办法提高雕刻的速度。

◆ 考核标准 ◆

项目	标准	分值
德育	黄岩翻簧竹雕是浙江黄岩地区民间传统工艺品种，因其在毛竹内壁的簧面上雕刻而得名，为国家级非物质文化遗产。请尝试了解其雕刻手法	30
	国家级非物质文化遗产——嘉定竹刻将书画艺术融入竹刻中，开创了以透雕、深雕为特征的"深刻技法"，使竹刻成为一门独立的观赏艺术。请学习和传承古代匠人的工匠精神和创新精神	
	节约用料，能养成良好的成本管理习惯	
理论	掌握竹子的结构特征	20
	了解竹子在文化寓意及中国传统竹雕雕刻技艺	
技能	掌握对材料立面进行刀工处理的方法，能熟练运用执笔法、戳刀法	50
	刀工精细、线条流畅	
	粗细有度、比例协调	
	能合理选用雕刻用料	
	能在 30 分钟内完成作品	

15
练习 雕刻春笋

◆ 知识要点 ◆

1.基础知识：春笋，为多年生常绿草本植物，食用部分为初生、嫩肥、短壮的芽或鞭。毛竹、早竹等散生型竹种的地下茎入土较深，竹鞭和笋芽借土层保护，冬季不易受冻害，出笋期主要在春季。

2.常用原料：雕刻春笋宜选用质地结实、体积较长大的瓜果、根茎原料，如实心南瓜、青萝卜等。

3 常用工具：有主雕刀、V 形和 U 形戳刀等。

4. 常用手法与刀法：有横握法、执笔法、戳刀法等。

◀ **准备原料** ▶

青萝卜 1 个，重约 2 斤

◀ **技能训练** ▶

1. 取出一个略带弯曲的青萝卜，薄薄地刨去外皮；用水彩铅笔画出笋尖的轮廓；削下多余的料留作他用；用主刀沿着画好的线条修出春笋的轮廓（图 1、图 2）。

2. 用 V 形戳刀刻画出竹笋的外形，布置位置时应层层叠加，交互相向而不交叉。用主刀修出笋壳外形（边缘薄并微向外翻翘）。注意处理好笋壳之间的相互重叠部分和笋尖（图 3、图 4）。

3. 进一步调节修整春笋的外形细节，刻出笋尖部分的一丛小叶片，用水砂纸打磨光滑。用削下的表皮刻出笋尖上的小叶片，接在笋壳的尖头上并用刀修顺线条。适度修饰后即完成春笋的制作（图 5、图 6）。

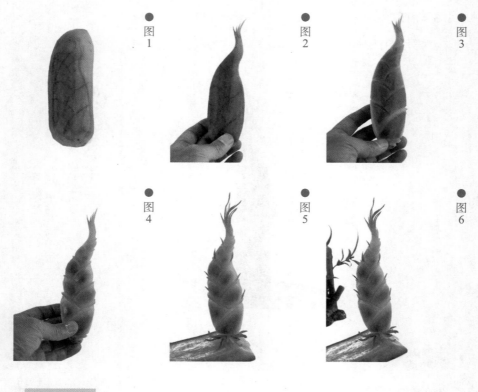

● 图1 ● 图2 ● 图3 ● 图4 ● 图5 ● 图6

◀ **拓展空间** ▶

春笋

春笋味道清淡鲜嫩，营养丰富。含有充足的水分、丰富的植物蛋白以及钙、磷、铁等人体必需的营养成分和微量元素。其纤维素含量很高，常食能帮助消化。

下面请欣赏北宋著名文学家有关春笋的诗词作品《春阴》。

春阴

宋·黄庭坚

竹笋初生黄犊角，蕨芽初长小儿拳。

试寻野菜炊春饭，便是江南二月天。

◀ 温馨提示 ▶

1. 用主刀修出笋壳外形（边缘薄并微向外翻翘）；注意处理好笋壳之间相互重叠的部分及笋尖。

2. 可通过组装的办法提高雕刻的效率。

◀ 考核标准 ▶

项目	标准	分值
德育	有健康的审美情趣，善于从日常生活中发现美	30
	掌握食品卫生与安全常识	
	节约用料，能养成良好的成本管理习惯	
理论	了解本雕刻作品的适用场合	20
	掌握春笋的结构特征	
技能	掌握对材料立面进行刀工处理的方法，能熟练运用戳刀法	50
	刀法娴熟、手法自然	
	结构合理、比例协调	
	能合理选用雕刻用料	
	能在 30 分钟内完成作品	

16
练习 雕刻椰子树

跟着视频学雕刻

◀ 知识要点 ▶

1. 寓意与作用：椰子树是一种热带植物。世界上的椰子树几乎都生长在岛屿、半岛和海岸边，成了热带海滨独特的风光。一株株椰子树高耸挺拔，长矛似的阔叶向四周伸展，仿佛一柄巨大的绿伞，一簇簇椰子垂悬在树干上，迎风摇曳，婆娑多姿。在宴席、展台设计和菜品点缀中，使用椰子树常常给人清新自然的感觉。

2. 常用原料：一般选用质地结实、体积较长大的根茎原料，如南瓜、胡萝卜、白萝卜等。

3. 常用工具：常用主雕刀、U 形戳刀、V 形拉刻刀。

4. 常用手法与刀法：有执笔法、横握法、戳刀法及弧形刀法。

◀ **准备原料** ▶

胡萝卜 2 个，重约 4 斤

◀ **技能训练** ▶

1. 刻树干：切出一片原料，用刀划出一个 S 形树干。使得截面约为正方形，并且根部略粗。将树干修圆。然后用戳线刀刻出螺旋形树纹。注意树纹上部密下部疏（图 1、2、3）。

2. 刻树叶：取一块厚约 2 厘米的原料，先将其修成柳叶形，然后在弧形侧面刻出锯齿形，用主刀在坯体上部修出 V 字形凹槽。继续重复该步骤，刻出多片树叶（图 4）。

3. 刻椰果：刻出圆形椰果。

4. 组装：组装时，给雕刻好的椰树叶片涂上少量502胶水，交叉粘在树干顶部，一般三片为一层，以两三层为宜。要注意的是，组装的配件大小必须协调、美观。

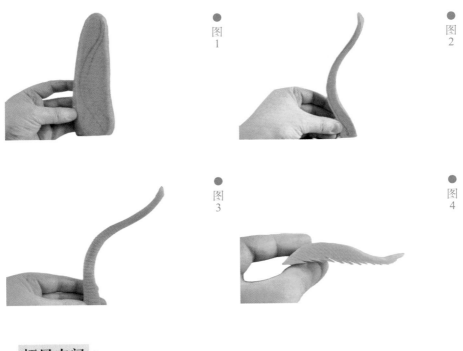

图1

图2

图3

图4

◀拓展空间▶

海南椰雕

海南椰雕是以椰壳、椰木和椰棕为原料的一种传统雕刻艺术，为国家级非物质文化遗产，主要流传于海南地区。海南盛产椰子，产量占全国的99%以上，这种资源优势为海南椰雕艺术的产生和发展提供了得天独厚的自然条件。唐代即已出现关于海南椰雕的记载，明清时期椰雕被作为珍品进贡朝廷，赢得"天南贡品"之誉。20世纪中叶以来，椰雕技艺在继承传统的基础上又有了新的创新。椰雕制品种类很多，其中既有日用品，也有用于观赏的工艺品，成品上雕有精致的装饰性图案，制作技艺十分精良。

在椰壳、椰木和椰棕上施刻，成本低廉，可以变废为宝，体现物尽其用的原则，有浓郁的地方特色和乡土气息。

◆ 温馨提示 ◆

1. 椰树树叶厚度约为 1~1.5 毫米，不能太厚也不能太薄。树叶长度约为树干长度的 1/3。

2. 取树干坯时，应使截面为正方形，否则树干很难修圆整。

3. 树叶一般刻 6 片即可，上面一层树叶略小。

◆ 考核标准 ◆

项目	标准	分值
德育	海南椰雕被列入国家级非物质文化遗产名录，说说其艺术价值及传承人的工匠精神、创新精神	30
	节约用料，能养成良好的成本管理习惯	
	能够将创新精神融入作品雕刻中	
理论	了解本雕刻作品的适用场合	20
	掌握椰子树的特征及其在热带旅游景观中的造景作用	
技能	掌握对材料立面进行刀工处理的方法，能熟练运用戳刀法	50
	刀法娴熟、手法自然	
	纹路疏密有度、比例协调	
	能合理选用雕刻用料	
	能在 30 分钟内完成作品	

17
练习 雕刻树枝

◀ **知识要点** ▶

　　1. 常用原料：宜选用质地结实、体积较长大的瓜果、根茎原料，如实心南瓜、青萝卜等。

　　2. 常用工具：有主雕刀、U 形戳刀等。

　　3. 常用手法与刀法：有横握法、执笔法、戳刀法等。

◀ **准备原料** ▶

　　青萝卜 1 个，重约 2 斤

◀ **技能训练** ▶

　　1. 在青萝卜的侧面顺长边切下一厚片原料（一头稍厚、一头稍薄），用水彩铅笔画出树的主干、分枝及枝杈等线条。注意主干部分应画得弯曲遒劲、枝杈部分挺拔有力。用主刀沿线条将画好的轮廓刻出来，做成树坯（图1、图2）。

2.用主刀进一步修整，将主干、分枝、枝杈修去棱角，调整粗细厚薄后完成简单树枝造型的雕刻（图3、图4）。

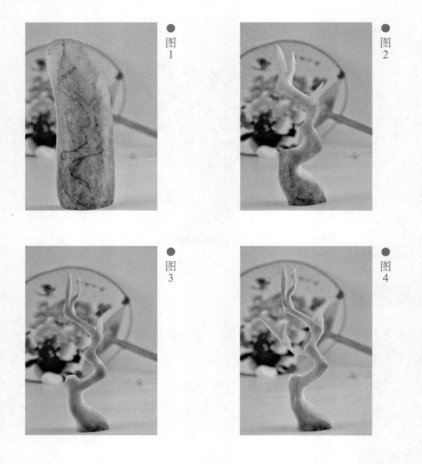

● 图
1

● 图
2

● 图
3

● 图
4

◀ 拓展空间 ▶

传统插花

在中国，有一项以花枝为材料的国家级非物质文化遗产——传统插花。它是以花枝为材料的一种生活艺术。据考证，我国传统插花艺术萌芽于西周至春秋战国时期，至今已有三千多年的历史。中国传统插花艺术崇尚自然简约之美，善于用线条造型和不对称构图营造诗情画意的境界，充分表现中华文化的民族特色和传统中国人的审美意识。

传统插花分为民间插花、寺观插花、宫廷插花、文人插花四种主要类型，其构思、构图、选材、修剪、固定、调整、陈设等环节均体现着丰富的文化内涵和审美观念。

◀ **温馨提示** ▶

取料不宜太薄，稍厚的料有利于表现树枝的立体感。

◀ **考核标准** ▶

项目	标准	分值
德育	有健康的审美情趣，善于从日常生活中发现美	30
	节约用料，能养成良好的成本管理习惯	
	能够将工匠精神融入作品雕刻中	
理论	了解本雕刻作品的适用场合	20
	掌握树枝的特征	
技能	掌握对材料立面进行刀工处理的方法，能熟练运用执笔法、戳刀法	50
	刀工精细、造型遒劲	
	结构合理、比例协调	
	能合理选用雕刻用料	
	能在 30 分钟内完成作品	

18
练习 雕刻小木桶

◆ **知识要点** ▶

1. 常用原料：一般选用质地结实、体积较长大的根茎原料，如南瓜、胡萝卜、白萝卜等。

2. 常用工具：有主雕刀、V 形戳刀。

3. 常用手法与刀法：有横握法、弧形刀法、戳刀法等。

◆ **准备原料** ▶

胡萝卜 1 个，重约 1 斤

◆ **技能训练** ▶

1. 将胡萝卜稍大的一端切下一块长圆柱形的料，长与宽的比例约为 2.5∶1。用主刀修整坯体，将水桶底部适度修小，用水彩铅笔在上部画出水桶提手的线条。沿着水桶提手线条切去两侧废料，形成坯体形状（图 1、

图2）。

2. 用水彩铅笔画出水桶提手的细节及桶身上箍的线条，用主刀挖出水桶提手，用V形戳刀戳出水桶箍的轮廓，用主刀修去水桶外表面部分料，使水桶箍凸显出来。用勾线刀刻出水桶上木板的结构线条，并用主刀将水桶木板修光滑，修出立体感（图3、图4）。

3. 用水砂纸打磨后完成水桶的雕刻。

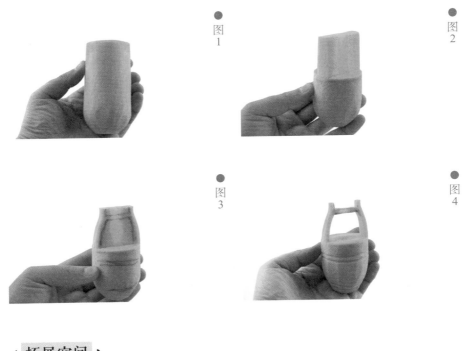

图
1

图
2

图
3

图
4

◀ 拓展空间 ▶

木桶原理

木桶原理是由美国管理学家劳伦斯·彼得提出的。其核心意思就是说，一个由长短不一的木板做成的木桶，它能装多少水，要看最短的那块木板有多高。做人也一样，一个人的水平有多高，有时也会受制于其短板。我们只有不断学习，努力补齐短板，才能在接下来的学习和职场生涯中不断进步。

水桶底部要适度修小。

◀ 考核标准 ▶

项目	标准	分值
德育	有健康的审美情趣，善于从日常生活中发现美	30
	节约用料，能养成良好的成本管理习惯	
	能够将工匠精神融入作品雕刻中	
理论	了解本雕刻作品的适用场合	20
	掌握木桶的构造特征	
技能	掌握对材料立面进行刀工处理的方法，能熟练运用戳刀法	50
	刀工精细、线条流畅	
	立体感强、比例协调	
	能合理选用雕刻用料	
	能在 30 分钟内完成作品	

跟着视频学
雕刻

19
练习 雕刻小南瓜

◀ 知识要点 ▶

1. 常用原料：一般选用质地结实、体积较长大的根茎原料，如南瓜、胡萝卜、心里美萝卜等。

2. 常用工具：主雕刀、U 形戳刀、V 形拉刻刀。

3. 常用手法与刀法：直刀法、横刀法、弧形刀法、戳刀法。

心里美萝卜 1 个，重约 2 斤；胡萝卜边料一小块

◆ 技能训练 ◆

1. 取一个心里美萝卜，剥去头部外皮，保留好叶子根部的纹理，用小刀削去余下的外皮（尽量让外皮保持大的片形），留作刻叶子用料。修圆整萝卜坯体，用刀切出上下两个平面。在坯体的圆周面上用 V 形拉刻刀均匀刻出八条线槽，顶部用 U 形刀向内挖出一凹坑（图 1、图 2）。

2. 用主刀修整坯体表面，使瓜棱突出、表面光洁。另取一小块胡萝卜，用主刀修出瓜蒂藤蔓的形状（图 3、图 4）。

3. 将瓜蒂用主刀、U 形刀修整出细节，另取心里美萝卜的皮刻出两片叶子，用 502 胶水粘接好。

●
图
1

●
图
2

● 图
3

● 图
4

◀ 拓展空间 ▶

东昌葫芦雕刻

山东省聊城的东昌葫芦雕刻是国家级非物质文化遗产。其用料考究，刻工纯熟，线条流畅，图案丰富，制作精良，呈现出鲜明的地域特色。这种葫芦雕刻工艺将典雅的造型技巧与写实手法相结合，形成了一套完整的艺术体系。其用途广泛，既可作日常器具、祭祀用品，又可作工艺品、生活饰品，还可入药食用。葫芦上雕刻的图案、纹样充满吉祥寓意，文化内涵极其丰富。

◀ 温馨提示 ▶

尽量让原料外皮保持大的片形，以便刻叶子时能用到整料。

◀ 考核标准 ▶

项目	标准	分值
德育	有健康的审美情趣，善于从日常生活中发现美	30
	节约用料，能养成良好的成本管理习惯	
	能够将工匠精神融入作品雕刻中	
理论	了解本雕刻作品的适用场合	20
	掌握南瓜的特征	

项目	标准	分值
技能	掌握对材料立面进行刀工处理的方法，能熟练运用拉刻刀	50
	刀工精细、瓜棱突出	
	造型逼真、比例协调	
	能合理选用雕刻用料	
	能在 30 分钟内完成作品	

20
练习 雕刻玲珑球

◆ **知识要点** ◆

1.寓意与作用：成语"八面玲珑"指四壁窗户宽敞，室内通透明亮，比喻通达明澈的修养境界。唐代卢纶《赋得彭祖楼送杨德宗归徐州幕》诗云："四户八窗明，玲珑逼上清。"玲珑球是一种八面通透中空的球体。它的样式很多，有的是实体结构，有的是层套结构，有的外围是多棱角，有的外围是圆形。它结构紧凑精巧，加工难度大，技术性非常强。随着食品雕刻技艺的发展，用果蔬雕的玲珑球也渐渐用于菜肴器皿的围边和点缀，它的新奇性和观赏性大大提高了宴席的情趣和艺术价值。

2. 常用原料：一般选用质地结实的根茎原料，如南瓜、胡萝卜、白萝卜等。

3. 常用工具：常用工具为主雕刀。

4. 常用手法与刀法：有执笔法、横握法等。

◀ 准备原料 ▶

胡萝卜1个，重约1斤

◀ 技能训练 ▶

1. 制坯：取一块原料，先将其切成正方形，边长以4~5厘米为宜。取料不要太大，否则体现不出玲珑气质（图1）。然后用横握法拿刀，沿各边中点连线削去正方体的八个角。每削去一个角就会形成一个等边三角形（图2、图3），最后形成一个由八个等边三角形和六个正方形面组成的多面体（图4）。

提醒：落刀和出刀位置均在正方形各边中点；所刻各线在顶角处刚好相接，不能过头。进刀时，刀身与所在面要垂直，深度为各顶角处至棱边的一半，各线中间段略浅。

2. 刻边线：用执笔法拿刀，垂直进刀，在每个面内各刻出略小一点的正方形和正三角形，使得框体结构初步形成。注意边框的宽度要适当（按本坯体大小，边框宽度为3~4毫米），太细不挺括，太粗则显笨拙（图5、图6）。

提醒：若不能一次性去掉废料，也可以分次去除，但必须注意要坚持用旋刻法，以保证剩下的坯体尽量圆滑。

3. 去正方形面废料，修整成型：将刀尖从正方形面的中心斜插到顶角的正下方，刀身与所在面的夹角成30°~45°，沿逆时针方向旋刻一圈，然后将废料去除。六个正方形面都是用同样手法处理（图7）。

4. 去三角形废料，修整成型：将刀紧贴住三角形面下部，割断内部球坯同三角形面的连接处，再从上面剔除废料，继续修整内部球体，使其圆滑，再放入清水中略加冲洗即可（图8）。

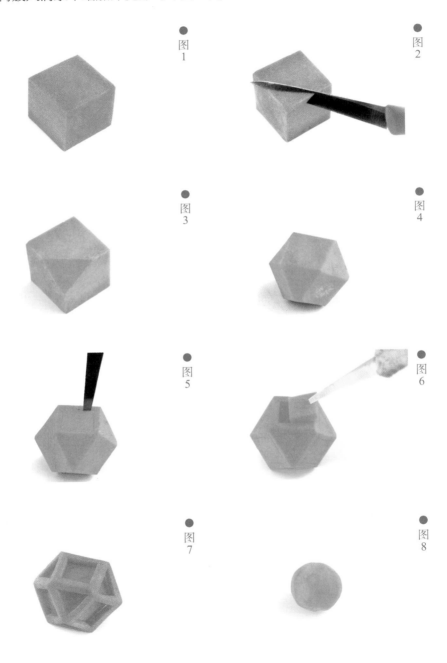

图1

图2

图3

图4

图5

图6

图7

图8

广州牙雕

广州牙雕重雕工，以镂空、透深的雕刻技法闻名于世，在长期的工艺实践中逐步形成一整套完整的精湛雕刻工艺，成为国家级非物质文化遗产。其讲究牙料的漂白和色彩装饰，雅俗并举，纤细精美，玲珑剔透。作品以牙质莹润、精镂细刻见长，整体布局繁复热闹，不留空白。象牙[①]、紫檀、犀角、玳瑁、翠羽等多种材料巧妙地镶嵌于一器之上，使图案富于层次，刀法见棱见角，华丽美观。

◀ 温馨提示 ▶

1. 重要尺寸：刀身与所在平面的夹角一定要控制在30°~45°。角度越小，内部球体就越大；反之，角度越大，内部球体就越小。若角度小于30°，则会因内部球体太大而出现玲珑球无法转动的现象。

2. 关键点拨：

（1）制坯时，一定要将原料切成正方体，否则，最后的作品容易出现边框长短不一的现象。

（2）去正方体顶角时，一定要注意进刀处和出刀处都是各边的中点。否则，需修整出中点再进刀。

◀ 考核标准 ▶

项目	标准	分值
德育	有健康的审美情趣，善于从日常生活中发现美	30
	节约用料，能养成良好的成本管理习惯	
	能够将工匠精神融入作品雕刻中	

---

① 出于保护大象种群的考虑，国际上曾经一度禁止象牙贸易，这使得完全依赖进口象牙原料的象牙雕刻工艺陷入困境，面临着一无原材料、二无年轻传人的局面。近年来，国际摒弃死板的贸易禁令，允许库存象牙贸易。

项目	标准	分值
理论	了解本雕刻作品的适用场合	20
	掌握玲珑球的构造特征	
技能	掌握对材料立面进行刀工处理的方法，能熟练运用镂雕法和旋刻法	50
	准确把握点、线、面的关系	
	刀工精细、比例协调	
	能合理选用雕刻用料	
	能在 30 分钟内完成作品	

第三篇

花卉雕刻技能

　　花卉雕刻技能是食品雕刻的进阶技能，本篇通过对相对简单的花卉造型进行制作，能够将创新精神融入作品雕刻中，学会举一反三，培养创新意识和健康的审美情趣，并能熟练运用挖削、铲刻、直刻、旋刻等技法，由浅入深，由简到难，训练和掌握花卉的雕刻工艺与技巧。根据成型方法，本篇的雕刻作品可分为整体雕刻与分件雕刻组装两大类。雕刻原材料宜选用新鲜、脆嫩、质地紧密、不空心的根茎类蔬菜。雕刻时，要抓住花瓣的形态特征，做到成品光滑平整、花瓣厚薄均匀（宜薄不宜厚）、生动形象。初学时可先用铅笔在原料上勾画出大致形状，然后再进行雕刻。

21
练习 雕刻白菜菊

◀ **知识要点** ▶

1.寓意与作用：白菊花，呈多层多瓣结构，花瓣呈丝条状，无规律，形态优美，品种繁多，是中国名花之一。白菊花花瓣洁白如玉，花蕊黄如纯金，寓意纯洁无瑕、气质高雅。人们雕刻白菊花，常将其装点于热菜、冷菜的围边，或用作装盘及花篮、花瓶、展台的插花。

2.常用原料：雕刻白菜菊一般选用质地松散的菜叶类和根茎类原料，如大白菜、白萝卜。

3.常用工具：雕刻白菜菊常用主雕刀、V形戳刀。

4.常用手法：雕刻白菜菊常用到执笔法、戳刀法。

◀ **准备原料** ▶

大白菜 1 棵

◆技能训练◆

1. 粗坯修整：选用新鲜、菜芯疏松的大白菜。去掉大白菜外层的老菜根、菜头和菜叶，取长度为 5~10 厘米的大白菜备用（图 1）。

2. 雕刻花瓣：手握 V 形戳刀，用戳刀法在菜叶外层，从上到下垂直戳到菜叶根部即成菊花瓣。一片白菜叶上可戳出 5~8 个菊花瓣（图 2）。用执笔法去除花瓣之间多余的废料（图 3）。依照此技法将另外两层菜叶槽刻好（图 4）。

3. 雕刻花芯：从菜叶的内侧槽刻，技法如步骤 2。刻完后，去掉花内的废料（图 5），将其放入清水中浸泡后使其自然弯曲，即是一朵怒放的白菜菊（图 6）。

● 图 1

● 图 2

● 图 3

● 图 4

图5

图6

◀ 拓展空间 ▶

白菊花

白菊花，原产我国，品种在3000种以上，为著名的观赏植物，又名甘菊、杭菊、杭白菊、茶菊、药菊。白菊花，不仅药用价值很高，而且还有延年益寿之功效，《神农本草经》把菊花列为上品，称为"君"。汉献帝时，泰山太守应劭著的《风俗通义》说，"渴饮菊花滋液可以长寿"。书中还记载了从西汉刘邦起，宫中就有重阳节饮菊花酒的习俗。

◀ 温馨提示 ▶

1. 选料时，应选新鲜、菜芯疏松的大白菜。

2. 刻菊花瓣时，应掌握好力度，特别是刻到菜根时，不能刻到下一层菜叶。

3. 收花芯的花瓣应比外层花瓣稍短，刻的方向也相反。

4. 刚开始练习时，可先将大白菜用稀释盐水浸泡，这样，雕刻花瓣时就不宜断裂。

5. 可用此法雕刻龙爪菊、绕头菊等。

项目	标准	分值
德育	有健康的审美情趣，善于从日常生活中发现美	30
	节约用料，能养成良好的成本管理习惯	
	能够将工匠精神融入作品雕刻中	
理论	了解菊花的寓意及本雕刻作品的适用场合	20
	掌握菊花的形态特征	
技能	掌握对材料立面进行刀工处理的方法，能熟练运用戳刀法	50
	力道适度、层次分明	
	结构合理、比例协调	
	能合理选用雕刻用料	
	能在 20 分钟内完成作品	

22
练习 雕刻龙爪菊

◆ 知识要点 ◆

1. 寓意与作用：菊花花形呈碗状，花瓣细长，前端呈弯钩状，形似龙爪，为多层瓣结构，品种繁多，是中国的传统名花，被称为"伟大的东方名花"。它象征高雅和纯洁无瑕。本作品常被用作冷盘、热菜、展台的围边装饰及花篮、花瓶的插花等。

2. 常用原料：雕刻龙爪菊一般选用质地结实、体积稍大的根茎类原料，如白萝卜、心里美萝卜、南瓜等。

3. 常用工具：雕刻龙爪菊常用到主雕刀、V 形戳刀。

4. 常用手法与刀法：雕刻龙爪菊常用执笔法、横握法、戳刀法及旋刻刀法（弧形刀法）。

◀ **准备原料** ▶

　　胡萝卜 1 个，重约 1 斤；青萝卜 1 个，重约 1 斤

◀ **技能训练** ▶

　　1. 粗坯修整：将原料修成高与直径约为 1∶1 的圆柱形，再将原料去皮后修整成"圆锥"形的圆柱体，用作粗坯（图 1）。

　　2. 雕刻花瓣：用 V 形戳刀沿着花坯的上端向花坯根部刻下去。雕刻时应由浅到深刻一圈，将装饰花瓣刻成细条状，略带钩（图 2）。

　　3. 用旋刻刀法在雕好的花瓣下旋刻掉一层废料，再用相同技法槽刻出第三层、第四层花瓣（图 3）。

　　4. 雕刻花芯：将余下的原料修整光滑，再用 V 形戳刀刻出二至三层细条状的花芯，将其放入清水中浸泡后使其自然张开（图 4）。

　　5. 另取青萝卜的外皮，用小号 V 形戳刀与主刀刻出几片菊花的叶片（图 5）。

　　6. 另取青萝卜雕刻好底座，把雕刻好的菊花和菊花叶用胶水组装好（图 6）。

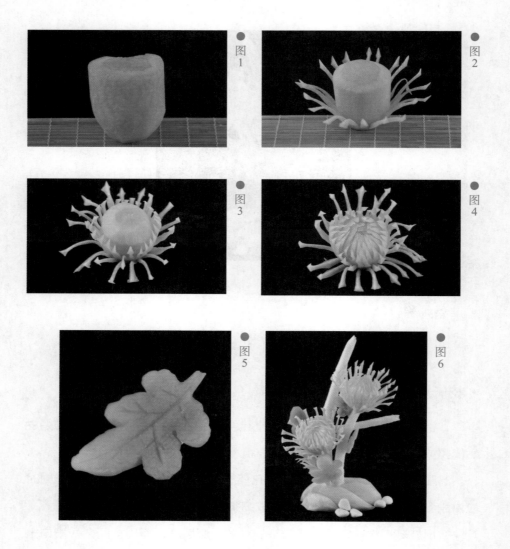

图1

图2

图3

图4

图5

图6

◀ **拓展空间** ▶

国家级非物质文化遗产——菊花石雕

中国的石雕艺术有着悠久的历史，千百年来承传不绝，流传至今，显示出传统民间工艺的精湛技术、巧妙构思和丰沛创造力。菊花石雕是以菊花石为原料的一种传统石雕艺术，主要流布于湖南省浏阳市一带，为国家级非物质文化遗产。菊花石，又名"石菊花"，是一种珍奇的石料，深灰色的石材中蕴有白色花纹，酷似怒放的菊花。当地石雕艺人充分利用石料的这种特点，依据其自然纹理、形态和色彩精心设计，巧施雕琢，将隐藏在石料中的"菊花"凸显出来。

◀ 温馨提示 ▶

1. 每个花瓣应刻得略深一些，以便能轻松取掉余料。花瓣之间要一瓣挨着一瓣刻一圈。

2. 第一、第二层花瓣应刻得长些，不然留下的花芯会过大。

3. 掌握好花瓣间层次的大小、距离、斜度的变化关系，以使花形美观。

4. 可用此法雕刻绕头菊。

◀ 考核标准 ▶

项目	标准	分值
德育	能从国家级非物质文化遗产菊花石雕中发现美，感受工匠精神和创新精神	30
	节约用料，能养成良好的成本管理习惯	
	能够将创新精神融入作品雕刻中	
理论	了解本雕刻作品的适用场合	20
	掌握龙爪菊的形态特征	
技能	掌握对材料立面进行刀工处理的方法，能熟练运用戳刀法	50
	花形美观、层次分明	
	结构合理、比例协调	
	能合理选用雕刻用料	
	能在50分钟内完成作品	

23
练习 雕刻马蹄莲

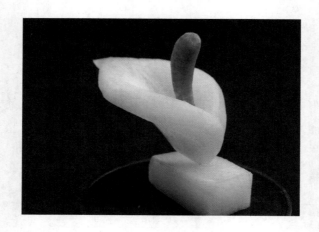

◀ 知识要点 ▶

1. 寓意与作用：马蹄莲，属单片花，简洁大方，花叶较长，半透明，色彩以白色、黄色为主。由于马蹄莲叶片翠绿，花瓣洁白硕大，宛如马蹄，形状奇特，是备受人们喜爱的花卉之一。白色马蹄莲清雅美丽，它的花语是"忠贞不渝，永结同心"，象征纯洁，用途十分广泛。在食品雕刻中，多用于冷盘、热菜、展台的围边装饰及花篮、花瓶的插花等。

2. 常用原料：雕刻马蹄莲一般选用质地结实、体积较长大的根茎原料，如南瓜、白萝卜等。

3. 常用工具：雕刻马蹄莲常用主雕刀、U形戳刀、V形戳刀。

4. 常用手法与刀法：雕刻马蹄莲会用到横握、直握、执笔、戳刀四种雕刻手法及旋刻刀法（弧形刀法）。

◀准备原料▶

白萝卜 1 个,重约 1 斤

◀技能训练▶

1. 粗坯修整:用主刀将原料斜切成椭圆截面、长约 8 厘米的小段(图 1)。用弧形刀法将其修成一头大一头小的马蹄形,并修圆(图 2)。

2. 雕刻内花瓣:用 U 形戳刀在椭圆截面上由旁边向中间刻深度约 5 厘米的花窝,然后再用主刀将花窝口的棱角修掉,使花瓣自然向外延伸(图 3)。

3. 雕刻外花瓣:用主刀沿着花瓣外围由上而下斜切成一个锥体(图 4),然后再用 V 形戳刀沿花边槽刻一周,使花瓣向外翻卷(图 5)。

4. 雕刻花芯与花托:用心里美萝卜刻成柱状花芯,装入花窝即可(图 6)。

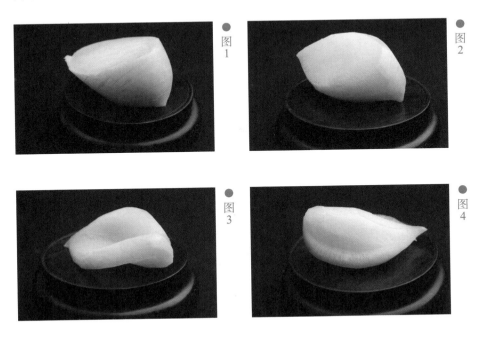

图
1

图
2

图
3

图
4

● 图 5

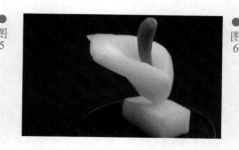

● 图 6

马蹄莲

马蹄莲，别名慈姑花、水芋，属天南星科的球根花卉，马蹄莲属，为近年新兴花卉之一，作为鲜花，其市场需求较大，前景广阔。马蹄莲叶片翠绿，花苞片洁白硕大，宛如马蹄，形状奇特，用途十分广泛。

马蹄莲寓意高贵、圣洁、虔诚、气质高雅、春风得意、忠贞不渝、永结同心、希望和高洁。

马蹄莲自然花期从 11 月至翌年 6 月，整个花期达 6~7 个月，而且正处于人们用花的旺季，在气候条件适合的地方可以收到种子。

◆ 温馨提示 ▶

1. 注重取料与粗坯修整，粗坯选择的质量，将会直接影响接下来的雕刻效果以及整个花的形态能否栩栩如生。

2. 雕刻花瓣时，注意要把花瓣向外翻卷。花瓣不能太厚，表面要光洁。要反复练习雕刻花瓣。

3. 多用废料练习旋刻刀法、戳刀法，能自如地掌握好进刀的角度、深度。

4. 花芯的中心位置应偏向花瓣根部一侧。

5. 可用萝卜片卷曲粘连成马蹄莲。

6. 可用此法雕刻喇叭花。

项目	标准	分值
德育	有健康的审美情趣，善于从日常生活中发现美	30
	节约用料，能养成良好的成本管理习惯	
	能够将创新精神融入作品雕刻中	
理论	了解本雕刻作品的适用场合	20
	掌握马蹄莲的形态特征	
技能	掌握对材料弧面进行刀工处理的方法，能熟练运用戳刀法	50
	花形美观、细腻光洁	
	比例协调、造型逼真	
	能合理选用雕刻粗坯	
	能在 15 分钟内完成作品	

24
练习 雕刻大丽花

知识要点

1. 寓意与作用：大丽花，又叫大丽菊、天竺牡丹、大理花等，其花形体积较大，呈半圆球形，花叶扁而长，为多层多瓣结构，层次分明。大丽花惹人喜爱，象征华贵。本作品适用于冷盘、热菜、展台的围边装饰及花篮、花瓶的插花等。

2. 常用原料：雕刻大丽花一般选用质地结实、体积稍大的瓜果、根茎类原料，如萝卜、南瓜等。

3. 常用工具：雕刻大丽花常用主雕刀、V 形戳刀。

4. 常用手法与刀法：雕刻大丽花常用横握法、执笔法、戳刀法及旋刻刀法（弧形刀法）。

◀ 准备原料 ▶

心里美萝卜 1 个，重约 1 斤

◀ 技能训练 ▶

1. 粗坯修整：用主刀取原料高与直径比例为 1∶1.5 的小段，然后用旋刻刀法将原料修整成半球状（图 1）。

2. 雕刻花蕊、花瓣：用小号 V 形戳刀在半球的顶端刻出方格一样的花蕊（图 2），然后先向着花蕊刻一刀，再在 V 字形截面下方顺着 V 字形向花蕊深处用主刀的刀尖刻出第一层花瓣（图 3）。

3. 刻二、三、四层花瓣：用 V 形戳刀在第一层的两片花瓣之间刻出一圈刀痕，再用主刀在刀痕下刻出第二层花瓣（图 4）。注意花尖应向外呈弯曲状。再依次刻出第三、第四层花瓣（图 5、图 6）。

图 1

图 2

图3

图4

图5

图6

大丽花

　　大丽花，被称为世界名花之一，它的花期长、花径大、花朵多，为菊科多年生草本植物。春夏间陆续开花，霜降时凋谢。花朵的直径小的如酒盅，大的达30多厘米。其色彩瑰丽多彩，以红色为主，另外还有红、黄、橙、紫、淡红和白色等单色。花形与牡丹相似，有菊形、莲形等。与牡丹花大小不一的花瓣不同，大丽花的花瓣排列得十分整齐。

◀ 温馨提示 ▶

　　1. 要重视取料与修整粗坯工作，以便为下一步操作和能雕刻出花的整体形态与层次打好基础。

　　2. 掌握好花瓣间的层次关系、间距、斜度的变化，以保证花形的整体效果。

　　3. 可改用 U 形戳刀雕刻出圆形花瓣的大丽花。

项目	标准	分值
德育	有健康的审美情趣，善于从日常生活中发现美	30
	节约用料，能养成良好的成本管理习惯	
	能够将工匠精神融入作品雕刻中	
理论	了解本雕刻作品的适用场合	20
	掌握大丽花的形态特征	
技能	掌握对材料弧面进行刀工处理的方法，能熟练运用旋刻刀法	50
	花瓣厚薄适度、层次分明	
	花形美观、比例协调	
	能合理选用雕刻用料	
	能在 20 分钟内完成作品	

跟着视频学
雕刻

25
练习 **雕刻月季花**

◀ 知识要点 ▶

1. 寓意与作用：月季花，又名月月红，花形大而艳丽，花瓣为不规则的半圆形，为多层多瓣的结构，层次间富有规律性，密而不乱，重叠而生。月季花象征圆满、美好，多被用于热菜的点缀以及展台、看盘的装饰等。

2. 常用原料：雕刻月季花一般选用质地结实、体积稍大的根茎类原料，如萝卜、土豆等。

3. 常用工具：雕刻月季花常用主雕刀。

4. 常用手法与刀法：雕刻月季花常用直握法、执笔法、旋刻刀法。

◀ 准备原料 ▶

心里美萝卜 1 个，重约 2 斤

◀ 技能训练 ▶

1. 先将原料修成高与直径比例约为 1∶1 的圆柱状（图 1），再用旋刻刀法将原料下端修整成约 20° 角的圆锥体（图 2）。

2. 用执笔法在圆锥体上修出五个相等的半椭圆形平面（图 3）。

3. 用旋刻刀平刀刻出第一层的五个花瓣（图 4）。

4. 用执笔刀法旋刻掉一层废料（图 5、图 6）。

5. 去除废料后，处理好第二层，用刻第一层的方法刻出第三层（图 7）。

6. 雕刻好两层花瓣的坯体（图 8）。

7. 雕刻花芯：将中间余下的原料用旋刻刀法修成低于第三层花瓣高度的花芯粗坯（图 9~ 图 12）。

8. 最后用持笔刀法刻出一层层向内包的小花瓣，即成花芯（图 13、图 14）。

9. 用刻花芯的手法再刻一朵花骨朵，连同月季花一起插在小树枝上，即成。

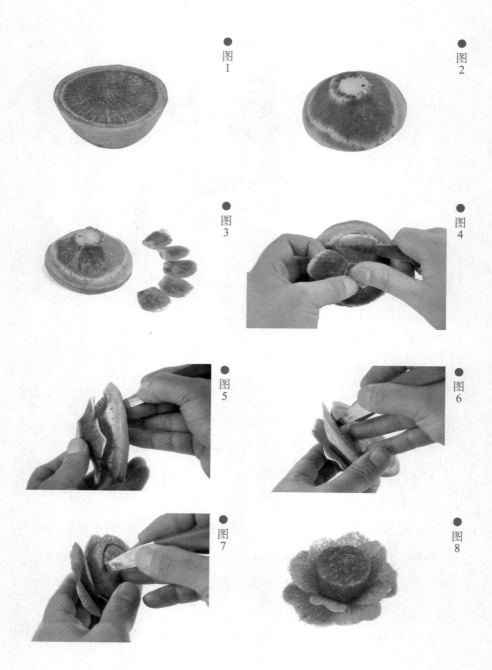

图
1

图
2

图
3

图
4

图
5

图
6

图
7

图
8

图9

图10

图11

图12

图13

图14

◆ **拓展空间** ▶

月季花

月季花花期长达 200 天，因此得名"月月红"。其花朵有活血通经的药用价值，花香宜人，沁人心脾，闻之可使人精神愉悦、心情舒畅。

下面请欣赏有关月季花的诗词作品《月季》。

月季

宋·苏轼

花落花开无间断，春来春去不相关。

牡丹最贵惟春晚，芍药虽繁只夏初。

唯有此花开不厌，一年长占四时春。

1. 雕刻花瓣时，要将原料均匀地分成三等份，否则，花瓣大小会不均匀。

2. 刻花瓣时要上薄下厚，以便造型。

3. 注意每层花瓣之间的大小、距离与斜度的变化，不然会影响花朵形态。

4. 应重点讲解示范月季花花瓣的层次与结构变化。

5. 应多观察月季花实物，以抓住其外形特点。

6. 可用此技法练习雕刻山茶花、荷花等。

◀ 考核标准 ▶

项目	标准	分值
德育	有健康的审美情趣，善于从日常生活中发现美	30
	节约用料，能养成良好的成本管理习惯	
	能够将工匠精神融入作品雕刻中	
理论	了解本雕刻作品的适用场合	20
	掌握月季花的形态特征	
技能	掌握对材料弧面进行刀工处理的方法，能熟练运用旋刻刀法	50
	花瓣平整、层次分明	
	花形美观、比例协调	
	能合理选用雕刻用料	
	能在20分钟内完成作品	

26
练习 雕刻荷花

◀ **知识要点** ▶

1.寓意与作用：荷花，花大色艳，花瓣头尖呈圆形，为多层多瓣结构，花瓣层次分明，富有规律性。荷花是中国十大名花之一，出淤泥而不染，清香远溢，凌波翠盖，深为人们所喜爱。它象征圣洁、高雅。作品多被用于冷盘、热菜、展台的围边装饰及花篮、花瓶的插花等。

2.常用原料：雕刻荷花宜选用质地结实、体积稍大的瓜果、根茎类原料，如洋葱、青萝卜、胡萝卜等。

3.常用工具：雕刻荷花常用主雕刀、V形和U形戳刀等工具。

4.常用手法与刀法：雕刻荷花常用直握法、横握法、执笔法、戳刀法及旋刻刀法。

◀ **准备原料** ▶

胡萝卜1个，重约1斤；青萝卜1个，重约1斤

1. 取胡萝卜切成长条，用主雕刻刀细刻出花瓣的坯体轮廓。注意要制成大、中、小三种规格（图1）。

2. 将花瓣坯体正面横向修出圆弧面，然后用主雕刀批片。注意批片时花瓣的下面部分要略厚些（图2）。

3. 取一块青萝卜，先修成上大下小的长条，用作花托的坯体（图3）。

4. 将花托棱角用刀修去（图4），修好后用V形戳刀戳出花芯的雄蕊，再用主刀刻出莲蓬（图5）。

5. 将片好的花瓣用胶水进行组装，小的花瓣粘在内层，大的花瓣粘在外层（图6、图7）。

6. 粘到3~4层花瓣后基本成型。每层粘5~6个花瓣，粘接时及时用主刀修整，利于下一层粘接（图8）。

7. 取青萝卜皮，用主刀刻出荷叶的大形，再用V形戳刀戳出叶脉，打薄边缘，做出荷叶（图9、图10）。

8. 将花瓣、荷叶组装到一起。

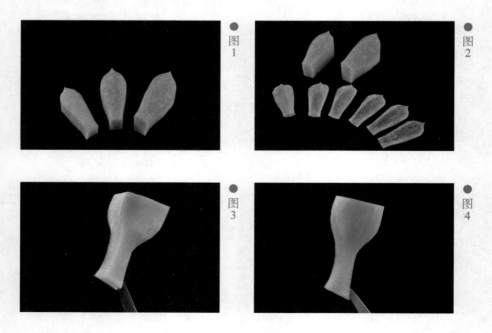

图1　图2　图3　图4

●图5

●图6

●图7

●图8

●图9

●图10

◀拓展空间▶

荷花

　　荷花，多年生水生植物。花色有白、粉、深红、淡紫等。花托表面为散生蜂窝状孔洞，受精后逐渐膨大成为莲蓬。每一孔洞内生一小坚果，即莲子。花期为6~9月，每日晨开幕闭。果熟期9~10月。

　　荷花的根茎长在池塘或河流底部的淤泥上，而荷叶挺出水面。在伸出水面几厘米的花茎上长着花朵。荷花一般长到150厘米高，荷叶最大直径可达60厘米。引人注目的莲花最大直径可达20厘米。

下面请欣赏有关荷花的诗词作品《采桑子·荷花开后西湖好》。

采桑子·荷花开后西湖好

宋·欧阳修

荷花开后西湖好，载酒来时。

不用旌旗，前后红幢绿盖随。

画船撑入花深处，香泛金卮。

烟雨微微，一片笙歌醉里归。

◀ 温馨提示 ▶

1. 掌握好花瓣间的关系以及层次间的大小、距离、角度的变化，这是关系到雕刻效果的最重要因素。

2. 雕刻出的莲蓬应上大下小，低于花瓣高度。

3. 应重点了解荷花花瓣的形状特点、层次构造及变化。

4. 可用此技法练习雕刻山茶花等。

◀ 考核标准 ▶

项目	标准	分值
德育	了解荷花在中国传统文化中的寓意，善于从日常生活中发现美	30
	节约用料，能养成良好的成本管理习惯	
	能够将创新精神融入作品雕刻中	
理论	了解本雕刻作品的适用场合	20
	掌握荷花的形态特征	
技能	掌握对材料立面进行刀工处理的方法，能熟练运用戳刀法	50
	花瓣平整光滑、厚薄适度	
	层次分明、比例协调	
	能合理选用雕刻用料	
	能在40分钟内完成作品	

跟着视频学
雕刻

27
练习 **雕刻山茶花**

◆ 知识要点 ▶

1.寓意与作用：山茶花，通常叫茶花。山茶花结构多层多瓣，花瓣呈半圆形。层次结构与月季花相似，层次间富有规律，密而不乱，重叠而生。山茶花是云南省的"省花"，盛开时如火如荼，灿如云霞，深受人们喜爱。其寓意是理想的爱和谦让。本作品适用于冷盘、热菜、展台的围边装饰及花篮、花瓶的插花等。

2.常用原料：雕刻山茶花一般选用质地结实、体积较大的根茎原料，如萝卜、土豆等。

3.常用工具：雕刻山茶花一般选用主雕刀。

4.常用手法与刀法：雕刻山茶花常用直握法、横握法、执笔法及旋刻刀法。

◆ 准备原料 ▶

心里美萝卜1个，重约1斤

1. 粗坯修整：将原料用直握法修成高与宽比例为 1:1 的圆柱状，再用旋刻刀法将原料下端修整成约 20° 角的圆锥体。在圆柱 2/3 高度的地方，分别削出朝向底部的 5 个均匀的斜平面，使底部呈五边形（图 1）。

2. 雕刻花瓣：修去斜面边上的棱角，使花瓣呈圆弧形（图 2）。用横握法刻出 5 片花瓣（图 3）。用横握法削去每两个斜平面之间的三角面余料，这样又形成了 5 个花瓣的面（图 4）。再用刻第一层花瓣的技法雕刻出第二层、第三层花瓣（图 5、图 6）。

3. 雕刻花芯：将余料修整成半圆柱体（图 7），再用旋刻刀法刻出一片片向内包的小花瓣即可（图 8）。

图1　图2　图3　图4　图5　图6

图7

图8

◀ 拓展空间 ▶

山茶花

山茶花，是一种著名的观赏植物，花很美丽，通常叫茶花，种子可榨油，花可入药。它为常绿小乔木或灌木，株高约15米，叶子卵圆形至椭圆形，边缘有细锯齿。花单生或成对生于叶腋或枝顶，花径5~6厘米，有白、红、淡红等色，花瓣5~7片。

下面请欣赏有关荷花的诗词作品《山茶花》。

山茶花

清·段琦

独放早春枝，与梅战风雪。

岂徒丹砂红，千古英雄血。

◀ 温馨提示 ▶

1. 修粗坯时要将原料均匀地分成5等份，否则，花瓣会大小不一。

2. 在刻花瓣时，第一层应比第二层的角度小一点，每层的角度应依次加大。

3. 应掌握花形的特点，灵活运用各种雕刻手法及刀法。

4. 可先用小块原料练习雕刻五边形。

5. 总结已学花卉的雕刻特点，做到举一反三。

项目	标准	分值
德育	有健康的审美情趣，善于从日常生活中发现美	30
	节约用料，能养成良好的成本管理习惯	
	能够将工匠精神融入作品雕刻中	
理论	了解本雕刻作品的适用场合	20
	掌握山茶花的形态特征	
技能	掌握对材料弧面进行刀工处理的方法，能熟练运用旋刻刀法	50
	力道适度、层次分明	
	花形美观、手法娴熟	
	能合理选用雕刻用料	
	能在 20 分钟内完成作品	

28
练习 雕刻玫瑰花

◀ 知识要点 ▶

　　1. 寓意与作用：玫瑰花，蔷薇科落叶灌木，花形有大有小，呈半圆形；

结构多层、多瓣，花瓣呈半圆形向外翻。本作品适用于冷盘、热菜、展台的围边装饰及花篮、花瓶的插花等。

2.常用原料：雕刻玫瑰花一般选用质地结实、体积稍大的根茎类原料，如萝卜、南瓜等。

3.常用工具：雕刻玫瑰花常用主雕刀、U形戳刀等工具。

4.常用手法与刀法：雕刻玫瑰花常用直握法、横握法、执笔法、戳刀法及旋刻刀法。

◆ 准备原料 ▶

心里美萝卜1个，重约1斤

◆ 技能训练 ▶

1.粗坯修整：用直握法取高度与直径比例约为1.5∶1的原料。用横握法将原料去皮后修整成酒杯状，下小上大（图1）。

2.雕刻花瓣：用U形戳刀刻出外层的第一片花瓣，再用执笔手法去除第一片废料，使花瓣向外翻（图2）。依以上技法雕刻出其他花瓣（图3、图4）。

3.雕刻花芯：将余下的原料修整成低于第五片花瓣的圆锥体（图5）。用旋刻刀法刻出一层层向内收的小花瓣（图6）。

● 图 1

● 图 2

图3

图4

图5

图6

◆ 拓展空间 ▶

玫瑰花

玫瑰花，又被称为刺玫花、徘徊花、穿心玫瑰，因枝干多刺，故有"刺玫花"之称。玫瑰花花大色艳、香味馥郁，被誉为"花中之王"。它最宜用作花篱和在花径、花坛、坡地中种植观赏。其花可提取香精，花蕾可入药。

玫瑰花象征爱情和真挚纯洁的爱，人们多把玫瑰花作为爱情的信物，是情人间首选的花卉。玫瑰花也是和平、友谊、勇气的化身，但不同颜色有不同的寓意，所以送花时应将不同花色的含义区别清楚。

下面请欣赏有关玫瑰花的诗词作品《红玫瑰》。

红玫瑰

宋·杨万里

非关月季姓名同，不与蔷薇谱牒通。

接叶连枝千万绿，一花两色浅深红。

风流各自燕支格，雨露何私造化功。

别有国香收不得，诗人熏入水沉中。

◀温馨提示▶

1. 修整粗坯时，底部应比顶部小。

2. 掌握花瓣间的关系和层次变化，每片花瓣的距离不能大，花瓣间应是一层叠包一层的。

3. 花瓣造型复杂，雕刻难度较大，应多加练习。

◀考核标准▶

项目	标准	分值
德育	有健康的审美情趣，善于从日常生活中发现美	30
	节约用料，能养成良好的成本管理习惯	
	能够将工匠精神融入作品雕刻中	
理论	了解本雕刻作品的适用场合	20
	掌握玫瑰花的形态特征	
技能	掌握对材料弧面进行刀工处理的方法，能熟练运用旋刻刀法	50
	花瓣厚薄适度、层次分明	
	造型逼真、手法娴熟	
	能合理选用雕刻用料	
	能在 20 分钟内完成作品	

跟着视频学
雕刻

29
练习 **雕刻牡丹花**

◀ 知识要点 ▶

1. 寓意与作用：牡丹花，花形呈不规则的半圆球形，花瓣呈不规则小齿半圆形，为多层多瓣结构，花形较大。牡丹花是人们熟悉、喜爱的花卉之一，号称"百花之王"。牡丹以它特有的富丽、华贵，被视为繁荣昌盛、幸福和平的象征。本作品适用于冷盘、热菜、展台的围边装饰及花篮、花瓶的插花等。

2. 常用原料：雕刻牡丹花的常用原料一般为质地结实、体积稍大的根茎类原料，如萝卜、南瓜等。

3. 常用工具：雕刻牡丹花的常用工具有主雕刀、U 形戳刀。

4. 常用手法与刀法：雕刻牡丹花的常用手法与刀法主要有直握法、横握法、执笔法、戳刀法及旋刻刀法等。

心里美萝卜 1 个，重约 1 斤

◀ 技能训练 ▶

1. 粗坯修整：将原料用直握法修成高与直径比例为 1∶1 的圆柱形，再将原料底部用横握法修成五边形的圆锥体（图 1）。

2. 雕刻花瓣：将五边形的圆锥体的五条边的上端分别用 U 形戳刀刻出半圆的波浪纹（图 2），再用横握法在五个半圆的面上直接雕刻出第一层花瓣（图 3）。在两片花瓣之间用横握法除去第一层花瓣的废料（图 4）。用雕刻第一层花瓣的技法雕出第二层和第三层花瓣（图 5、图 6）。

3. 雕刻花芯：雕刻好三层花瓣后，将余下的原料用旋刻刀法将中间的原料修成向内包的花瓣（图 7）。用 U 形戳刀戳出花蕊即成（图 8）。

图
1

图
2

图
3

图
4

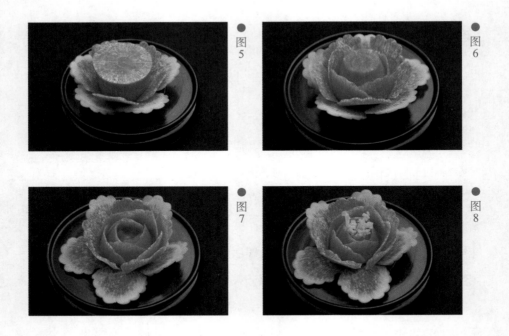

图5　图6　图7　图8

拓展空间

国色天香牡丹花

　　牡丹花，是我国特有的木本名贵花卉，其花大色艳、雍容华贵、芳香浓郁，而且品种繁多，素有"国色天香""花中之王"的美称。牡丹花观赏价值极高，在我国传统古典园林广为栽培。除观赏外，其根可入药，称"丹皮"，可治高血压、除伏火、清热散瘀等。花瓣还可食用，其味鲜美。

　　下面请欣赏有关牡丹花的诗词作品《赏牡丹》。

赏牡丹

唐·刘禹锡

庭前芍药妖无格，池上芙蕖净少情。

唯有牡丹真国色，花开时节动京城。

温馨提示

　　1.修粗坯时，应保证五个截面均匀，不然会影响下一步操作和作品的层次关系，使花瓣大小与长短不一。

2.刻花瓣时要上薄下厚、大小均匀。

3.掌握常见花卉的结构关系以及层次、大小、距离、斜度的变化，融会贯通于花卉的雕刻技法中。

◀ 考核标准 ▶

项目	标准	分值
德育	有健康的审美情趣，善于从日常生活中发现美	30
	节约用料，能养成良好的成本管理习惯	
	能够将工匠精神融入作品雕刻中	
理论	了解牡丹花在中国传统文化中的寓意及本雕刻作品的适用场合	20
	掌握牡丹花的形态特征	
技能	掌握对材料立面进行刀工处理的方法，能熟练运用戳刀法	50
	花瓣平整光滑、厚薄适度	
	花形美观、力道适度	
	能合理选用雕刻用料	
	能在 20 分钟内完成作品	

第四篇

鱼虫器皿雕刻技能

　　鱼虫器皿雕刻是中等难度的食品雕刻技能，它需要学生在掌握基础握刀手法和雕刻技法的基础上，学会鱼虫器皿类雕刻作品的造型设计技能，雕刻出细致精巧、结构合理的作品。

　　该类作品多写实，平时要充分了解鱼虫的生活环境和习性，熟悉鱼虫的基本形态及身体比例关系，掌握鱼头、鱼身、鱼鳞的雕刻技巧。下刀时适当赋予夸张的创作手法，力求特征突出、形态逼真、传神活泼。

30
练习 雕刻花瓶

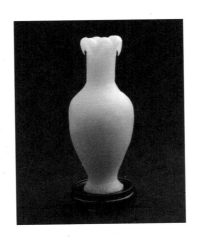

◀ **知识要点** ▶

1. 寓意与作用：花瓶，无论是从婀娜的外形、华美的花纹，还是光滑的触感来说，都像极美貌的女子。此作品多用于冷盘、热菜、展台的围边装饰。

2. 常用原料：雕刻花瓶的常用原料是质地结实、体积较长大的瓜果、根茎类原料，如实心南瓜、白萝卜等。

3. 常用工具：雕刻花瓶的常用工具是主雕刀、V形戳刀等。

4. 常用手法：雕刻花瓶的常用手法有直握法、横握法、执笔法、戳刀法。

◀ **准备原料** ▶

白萝卜1个，重约2斤

1. 粗坯修整：将原料两头切平，用刨刀刨去原料的外皮，把原料刨成圆柱形，再用主刀将原料修整出花瓶的大致轮廓（图1）。

2. 雕刻瓶口、瓶颈：用V形戳刀将原料上端戳刻为5等份，再用主刀将瓶口雕刻成花朵形（图2），接下来用主刀在瓶口下雕刻出圆柱形的瓶颈（图3）。

3. 雕刻瓶体、瓶底：用主刀雕刻出两头小中间大的瓶体，最后用主刀刻出S形线条的底座。

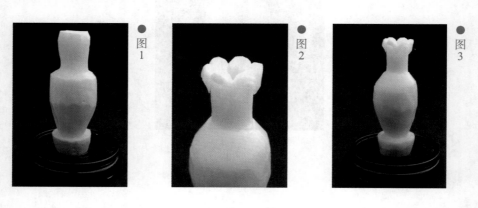

● 图1　　● 图2　　● 图3

◀ 拓展空间 ▶

银铜器制作及鎏金技艺

在青海省湟中县，有一种特殊的器皿加工技艺被列入国家级非物质文化遗产名录，那就是已有一百多年历史的银铜器制作及鎏金技艺。

银器加工工艺素以形薄、光亮、轻柔、质纯等著称，以加工精美而见长。受佛教文化影响，艺人们常用"八吉祥徽"（宝伞、金鱼、宝瓶、胜利幢、法轮、吉祥结、右旋海螺、妙莲）和曼陀罗、妙翅鸟、龙、凤、雄狮、怪兽、祥云、宝焰等作为装饰图案。

铜器加工工艺精湛，图案复杂，造型逼真，表现手法突出。主要流程为：下料—焊接—砸—灌胶—构图—抛光。

鎏金，是把金和水银合成的金汞剂，涂在银、铜器表层，加热使水银蒸发，使金牢固地附在银、铜器表面不脱落的技术。

◀ 温馨提示 ▶

1. 花瓶瓶颈与瓶身的比例为 1：2，否则会影响整体效果。

2. 为了使瓶体光滑，可用细砂纸打磨抛光。

3. 选料时一定要选用圆柱形的原料，这样才便于花瓶的造型。

4. 用此技法可练习雕刻方形、多边形花瓶。

◀ 考核标准 ▶

项目	标准	分值
德育	能够从中国传统手工艺作品中感受中国传统文化的博大精深	30
	节约用料，能养成良好的成本管理习惯	
	能够将工匠精神融入作品雕刻中	
理论	了解本雕刻作品的适用场合	20
	掌握花瓶的形态特征	
技能	掌握对材料立面进行刀工处理的方法，能熟练运用戳刀法	50
	造型逼真、细腻光滑	
	比例协调、手法娴熟	
	能合理选用雕刻用料	
	能在 20 分钟内完成作品	

31
练习 雕刻花篮

◀ 知识要点 ▶

1. 寓意与作用：花篮，是社交、礼仪场合最常用的礼品之一，可用于开业、庆典、迎宾、会议、生日、婚礼及丧葬等场合。花篮尺寸有大有小，有婚礼上新娘臂挎的小型花篮，有私人社交活动中最常用的中型及中小型花篮，也有高至两米多的大型庆典花篮。此作品多用于冷盘、热菜、展台的围边装饰。

2. 常用原料：雕刻花篮的常用原料是质地结实、体积较长大的瓜果、根茎类原料，如实心南瓜、白萝卜等。

3. 常用工具：雕刻花篮的常用工具是主雕刀、V 形戳刀等。

4. 常用手法：雕刻花篮的常用手法主要有直握法、横握法、执笔法、戳刀法。

◀ **准备原料** ▶

　　一头大一头小的南瓜 1 个，重约 5 斤

◀ **技能训练** ▶

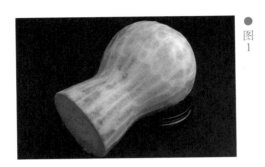
● 图 1

● 图 2

● 图 3

● 图 4

● 图 5

● 图 6

1. 用菜刀从南瓜大的一头大约 2/3 处下刀取料（图 1）。

2. 用主刀在南瓜大的一头雕出花篮提手（图 2、图 3）。

3. 用刨刀刨去南瓜外层至表面光滑，再用尖头刀修出圆形花篮篮体（图 4）。用 V 形戳刀将花篮提手戳出麻花图案，再将花篮篮体戳出藤编图案（图 5）。

4. 装入五彩缤纷的雕刻花就可以了（图 6）。

◆ 拓展空间 ◆

中国传统编织技艺——维吾尔族柳编

柳编是以柳树等木本植物枝条为主要原材料的一项传统编结手工艺。远古时期，柳编就已在中国出现，经过几千年的传承，这一技艺得到很大改进，逐渐发展成熟。

维吾尔族枝条编织是流行于新疆维吾尔自治区吐鲁番市一带的传统编结手工艺，为国家级非物质文化遗产。从史料记载和古墓葬出土的大量树条筐、箭袋实物来看，这项技艺在吐鲁番地区至少已有近三千年的发展历史。维吾尔族民众利用当地出产的榆树枝、红柳枝、杨树枝、桑树枝、柳树枝等原材料编结出品种繁多的制品，其中包括筐子等农具，食槽、鸡笼等畜牧用具，筐子、篮子、果盘等生活用品，以及花瓶、葫芦、酒杯、苏公塔等工艺品或旅游纪念品。

维吾尔族枝条编织以在经干间穿进突出的"平织"和用于边沿的"麻花织"为基本方法，所编图案有菱形、链条形、波浪形、椭圆形等多种。在实践中不断提高和完善的维吾尔族枝条编织技艺呈现出鲜明的地域特色和民族风格，它是维吾尔族传统文化的重要体现，具有社会学、民族学、民间工艺史等方面的研究价值。

◆ 温馨提示 ◆

1. 提手与花篮的比例关系为 2∶1。

2.必须将花篮表面刨得圆而光滑，可在花篮和提手上雕刻出各种花纹图案。

3.提手与花篮可以分开雕刻。

4.雕刻的花篮在造型上有单面观及四面观的，有规则式的扇面形、辐射形、椭圆形及不规则的 L 形、新月形等各种构图形式。花篮有提梁，便于携带。提梁上还可以固定条幅或装饰品，成为整个花篮构图中的有机组成部分。

◀ **考核标准** ▶

项目	标准	分值
德育	能够从中国传统手工艺作品中感受中国传统文化的博大精深	30
	节约用料，能养成良好的成本管理习惯	
	能够将工匠精神、创新精神融入作品雕刻中	
理论	了解本雕刻作品的适用场合	20
	掌握花篮的形态特征	
技能	掌握对材料立面进行刀工处理的方法，能熟练运用各种刀法	50
	力道适度、造型美观	
	纹路清晰、结构合理	
	能合理选用雕刻用料	
	能在 60 分钟内完成作品	

32
练习 雕刻神仙鱼

跟着视频学雕刻

◀ **知识要点** ▶

1.寓意与作用：神仙鱼，为热带鱼，体长 12~15 厘米，高可达 15~20

厘米，成鱼体长一般为 12~18 厘米。平均寿命 5 年左右。其头小，鱼体侧扁呈菱形。背鳍和臀鳍很长，挺拔如三角帆，有小鳍帆鱼之称。从侧面看，神仙鱼游动时宛如在水中飞翔的燕子，故在中国北方地区又被称为"燕鱼"。此作品多用于冷盘、热菜、展台的围边装饰。

2. 常用原料：质地结实、体积较长大的瓜果、根茎类原料，如实心南瓜、青萝卜、胡萝卜等。

3. 常用工具：有主雕刀、V 形和 U 形戳刀等。

4. 常用手法与刀法：有横握法、执笔法、戳刀法等。

◀ 准备原料 ▶

胡萝卜 1 个，重约 1 斤；青萝卜 1 个，重约 1 斤

◀ 技能训练 ▶

1. 取胡萝卜切成长方形厚片，用水性笔画出神仙鱼的身体轮廓（图 1）。

2. 用主雕刀刻下鱼的身体轮廓，注意头、身、尾的位置比例要和谐（图 2）。

3. 另取稍薄胡萝卜片刻出热带鱼的背鳍和腹鳍，用 V 形戳刀刻出鱼鳍上的纹理（图 3）。

4. 将背鳍和腹鳍粘接在鱼的身体轮廓上，用刀修顺线条（图 4）。

5. 修薄鱼头两侧，同时修薄鱼的尾部。将鱼身上的刀痕修圆滑，使身体背鳍与腹鳍处形成一定的弧线。用 U 形戳刀将鱼的下腹部修饱满（图 5）。

6. 将胡萝卜刻出鱼的前后划水（图 6）。

7. 刻出鱼的嘴巴和腮线，再粘贴鱼的胡须即完成鱼体的雕刻（图 7）。

8. 另用青萝卜刻出水草（图 8）。

9. 用剩余青萝卜刻出底座和珊瑚，组装完成。

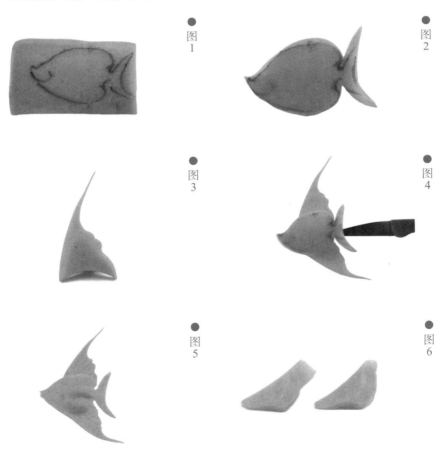

●
图
1

●
图
2

●
图
3

●
图
4

●
图
5

●
图
6

● 图
7

● 图
8

赫哲族鱼皮制作技艺

鱼皮文化是北纬 45 度以上区域内存在的特色文化，从清代至今，黑龙江省同江市街津口乡的赫哲族将之传承沿袭下来。赫哲族长期以渔猎为生，他们捕鱼、食鱼，用鱼皮盖房、造舟、制衣，史称"鱼皮部落"。

出于博物馆收藏和人类文化学研究的需要，老一代赫哲人曾多次为国内外博物馆复制鱼皮服饰，还用传统技艺创制了鱼皮萨满服饰及赫哲风俗系列作品，一些年轻人发展创新，利用传统的鱼皮剪贴技术创制了现代的鱼皮技艺品及鱼皮画，使古老的鱼皮文化延伸到旅游、艺术等领域，其独特的制作技艺使其成为国家级非物质文化遗产。

◀ 温馨提示 ▶

1. 可以在鱼身上划出一些线条，也可以划出鱼鳞片。

2. 雕刻好鱼体后，用细砂纸打磨，效果会更好。

3. 用此技法可雕刻小丑鱼等。

项目	标准	分值
德育	能够从中国传统手工艺作品中感受中国传统文化的博大精深	30
	节约用料，能养成良好的成本管理习惯	
	能够将工匠精神、创新精神融入作品雕刻中	
理论	了解本雕刻作品的适用场合	20
	掌握神仙鱼的体态特征	
技能	掌握对材料平面进行刀工处理的方法，能熟练运用各种刀法	50
	力道适度、比例协调	
	动态十足、造型逼真	
	能合理选用雕刻用料	
	能在 60 分钟内完成作品	

33
练习 雕刻金鱼

◆ 知识要点 ◆

1. 寓意与作用：金鱼，也称"金鲫鱼"，是由鲫鱼演化而成的观赏鱼类。金鱼的品种很多，有红、橙、紫、蓝、墨、银白、五花等各种颜色，分为文种、龙种、蛋种三类。金鱼的头上有两只圆圆的大眼睛，身体短而肥，鱼鳍发达，尾鳍有很大的分叉。金鱼在民间象征富贵吉祥。此作品多用于冷盘、热菜、展台的围边装饰。

2. 常用原料：雕刻金鱼的常用原料以质地紧密、结实、体积较大的瓜果、根茎类原料为宜，如长南瓜、萝卜、荔浦芋头等。

3. 常用工具：雕刻金鱼的常用工具有菜刀、主雕刀、V 形和 U 形戳刀等。

4. 常用手法与刀法：雕刻金鱼的常用手法与刀法有直握法、横握法、执笔法、戳刀法及旋刻刀法。

◀ 准备原料 ▶

胡萝卜1个、重约1斤；青萝卜1个，重约1斤

◀ 技能训练 ▶

1. 取胡萝卜一块，将两边切平，在上面用水性笔画出金鱼的轮廓（图1）。

2. 用主雕刻刀沿着画好的线条刻出金鱼的大概模型（图2）。

3. 用主雕刻刀配合U形戳刀，刻出鱼鳃盖、腹部、头顶肉冠，用砂纸打磨干净（图3、图4）。

4. 取两块胡萝卜粘贴在金鱼的腹部（图5），用主雕刻刀和大号拉刻刀修出金鱼尾巴，使鱼尾线条流畅、自然（图6）。

4. 给金鱼装上仿真眼（图7），在金鱼腹部用主雕刀打上鱼鳞，用细拉刻刀精修尾部的线条（图8）。

6.用尖头刀刻出胸鳍、腹鳍、背鳍的形状，再用V形戳刀刻出各个鳍上的纹路，并正确插在各自的部位上。最后用圆口刀在头部戳出金鱼头上的肉冠（图9、图10）。

7.用主雕刀刻出莲花、荷叶、水草、假山，组装完成作品。

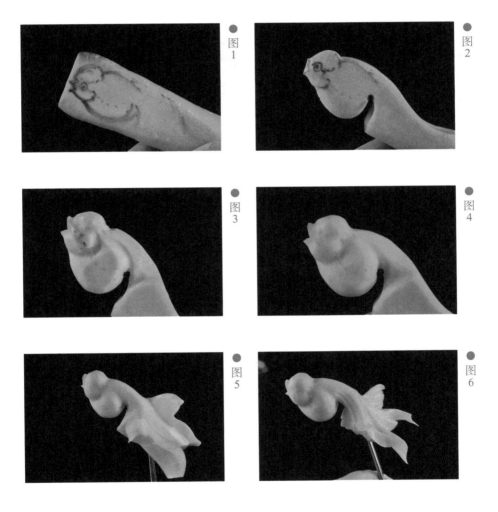

图1　图2　图3　图4　图5　图6

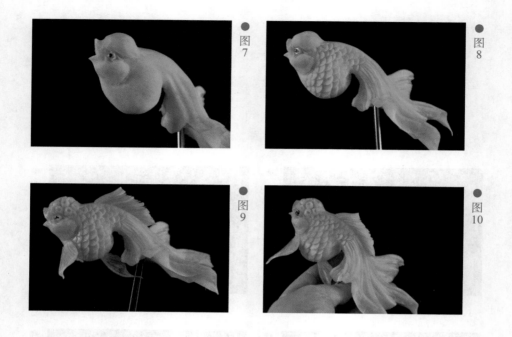

图7

图8

图9

图10

◀ 拓展空间 ▶

"天下第一鱼"——青田鱼灯舞

灯舞古已有之，清代就有以灯为道具舞出文字的"灯舞"记载。按灯彩外形区分，灯舞主要包括模拟动物的龙灯舞、狮子灯舞、鱼灯舞等。青田鱼灯舞是浙江省最具代表性的鱼灯类传统民间舞蹈，是青田渔文化和民间艺术相结合的产物，为国家级非物质文化遗产。

青田鱼灯舞的道具呈现出以田鱼为主的淡水鱼形象，舞蹈动作则根据鱼的生活习性设计。每逢喜庆节令，青田民众都要进行鱼灯舞表演。届时领队手举长柄大红珠，参演者各举鱼灯一盏，按领队所吹哨子走出各种阵图。表演开始时多用"进门阵"，行进时以"编篱阵"为基本阵图，高潮时则分出"春鱼戏水""夏鱼跳滩""秋鱼恋洴""冬鱼结龙"等阵图，最后以"鲤鱼跳龙门"结束。

青田鱼灯舞具有极高的艺术和历史文化研究价值，被誉为"天下第一鱼"。

◀ 温馨提示 ▶

　　1. 宜选择小块、粗细均匀、长短适中、比较挺拔的原料。

　　2. 金鱼的头与身部相连，它们与尾部的比例为 1:1。有时，会将金鱼尾部雕刻得更加夸张。

　　3. 可用小原料进行分组训练，练习雕刻金鱼、水花。

　　4. 可将不同色彩的原料粘连，这样可以雕刻出色彩丰富的金鱼。

◀ 考核标准 ▶

项目	标准	分值
德育	能够从和鱼有关的中国非物质文化遗产中感受中国传统文化的博大精深	30
	节约用料，能养成良好的成本管理习惯	
	能够将工匠精神、创新精神融入作品雕刻中	
理论	了解本雕刻作品的适用场合	20
	掌握金鱼的生活习性和体态特征	
技能	掌握对材料平面进行刀工处理的方法，能熟练运用各种刀法	50
	力道适度、手法细腻	
	动态十足、组装协调	
	能合理选用雕刻用料	
	能在 60 分钟内完成作品	

34
练习 雕刻鲤鱼跃水

◀ 知识要点 ▶

　　1. 寓意与作用：在我国传统文化中，因"鱼"与"余"谐音，人们常用鲤鱼来表达富裕盈余之意，另有流传久远的"鲤鱼跳过龙门就变成龙"

的民间传说，后世常以此祝颂人们高升、幸运。本作品造型蕴含了积极进取、追求年年有余的幸福生活的内涵，适用于各种中高档宴席、菜肴的装饰及展台布置。

2. 常用原料：雕刻鲤鱼跃水的常用原料是质地结实、体积较长大的瓜果、根茎类原料，如实心南瓜、大萝卜、荔浦芋头等。

3. 常用工具：雕刻鲤鱼跃水的常用工具有主雕刀、V形和U形戳刀等。

4. 常用手法：雕刻鲤鱼跃水的常用手法主要有纵刀法、横刀法、执笔法、戳刀法。

◀ **准备原料** ▶

胡萝卜2个，分别重约1斤；青萝卜1个，重约3斤

◀ **技能训练** ▶

1. 取一个胡萝卜，适当切去两侧。根据鱼的形状将胡萝卜切断再粘贴调整，使其成为弯曲上翘的形状。用水性笔画出鱼体轮廓（图1）。

2. 进一步修刻，完成鱼体上的头、身、尾、背鳍、尾鳍的初步制作（图2）。

3. 雕刻头部：用执笔法刻出鲤鱼的整体轮廓，再刻出长椭圆形的鱼唇，并分出上下唇，上唇略长于下唇，并在鱼唇下刻出凹形，使鱼唇微翘。在鱼头的两侧刻出一对半圆形的鱼鳃（图3、图4）。

4. 雕刻身体：用戳刀刻出鱼鳞，再雕刻出鲤鱼的尾部。注意尾部要向内翻翘。另取小片原料刻出腹鳍、胸鳍并进行组装。

5. 组装、修整和装饰：用青萝卜雕刻成的浪花作底托，将作品整体组装在一起即可。

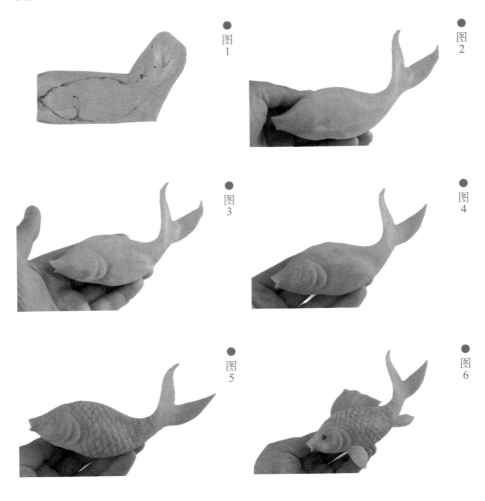

图1

图2

图3

图4

图5

图6

鲤鱼跳龙门

鲤鱼造型稍宽扁，身体外形为流线型，曲线柔和流畅。鱼鳞稍大，带有金属光泽，层层相叠，前大后小，极富规律。使用此雕刻方法，可雕刻出难度较大的作品"鲤鱼跃龙门"。

古代传说，黄河鲤鱼跳过龙门，就会变成龙。龙门，在山西河津和陕西韩城之间，跨黄河两岸，形如门阙。鲤鱼跳龙门，寓意古时平民通过科举高升。这一主题在刺绣、剪纸、雕刻中常被广泛应用，被作为幸运的象征。

◢ 温馨提示 ◣

1. 操作时，应掌握鲤鱼头部特点及各部位比例关系，鲤鱼头部约占整个鱼体的1/3。雕刻鱼鳞时，一定要从鱼鳃后部开始，应尽可能使鱼鳞的大小、距离一致。

2. 鲤鱼身体与尾部的翻翘幅度一定要协调、自然，以表现出翻腾的效果。

3. 鲤鱼背鳍的表现手法可夸张一点。

4. 应突出鲤鱼各部位的造型比例关系和头部的外形特点。

5. 应把握好鲤鱼的神韵，突出鲤鱼身体与尾部翻腾的姿态。

◢ 考核标准 ◣

项目	标准	分值
德育	能够从和鱼有关的中国非物质文化遗产中感受中国传统文化的博大精深	30
	节约用料，能养成良好的成本管理习惯	
	能够将工匠精神、创新精神融入作品雕刻中	

项目	标准	分值
理论	了解鲤鱼的寓意和本雕刻作品的适用场合	20
	掌握鲤鱼的生活习性和体态特征	
技能	掌握对材料平面进行刀工处理的方法，能熟练运用各种刀法	50
	刀工细腻、比例协调	
	动态十足、传神灵动	
	能合理选用雕刻用料	
	能在 60 分钟内完成作品	

35
练习 雕刻蝴蝶

◆ 知识要点 ◆

1. 寓意与作用：蝴蝶的幼虫破茧而出后变作蝴蝶，便完成了由丑到美的一种升华，因此，蝴蝶常常象征着自由、美丽，而为中国历代文人墨客所咏诵。蝴蝶是最美丽的昆虫，被誉为"会飞的花朵""虫国的佳丽"。中国传统文学常把双飞的蝴蝶作为自由恋爱的象征，这表达了人们对自由爱情的向往与追求。此作品多用于冷盘、热菜、展台的围边装饰。

2.常用原料：质地结实、颜色鲜艳的瓜果、根茎类原料，如实心南瓜、心里美萝卜、胡萝卜等。

3.常用工具：有主雕刀、V形和U形戳刀等。

4.常用手法与刀法：有横握法、执笔法、戳刀法等。

◀ 准备原料 ▶

胡萝卜1个，重约0.5斤；青萝卜1个，重约1斤

◀ 技能训练 ▶

1.取胡萝卜一块，修出前窄、后稍宽的厚片，并在上面画出蝴蝶的身体轮廓（图1）。

2.用主刀将蝴蝶身体刻出来（图2）。

3.修去棱角，确定头、胸、腹部的形状，并戳出纹理细节（图3）。

4.另取胡萝卜料，刻出蝴蝶的大翅膀和小翅膀，一共四片（图4）。

5.在翅膀上镂空刻出花纹，再用一小片胡萝卜刻出三对脚和触须（图5）。

6.将所有部件组合粘贴成蝴蝶（图6）。

7.将蝴蝶组装在事先用青萝卜和胡萝卜刻好的底座上。

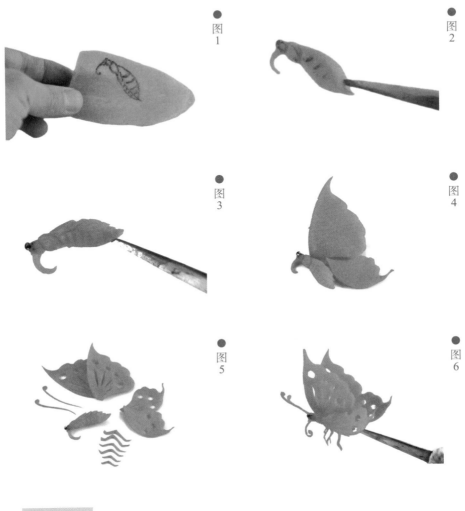

图
1

图
2

图
3

图
4

图
5

图
6

◀ 拓展空间 ▶

蝴蝶

蝶，通称为蝴蝶，节肢动物门、昆虫纲、鳞翅目、锤角亚目动物的统称。全世界大约有14000多种蝴蝶，大部分分布在美洲，尤其以亚马孙河流域的品种为最多。中国有1200种。蝴蝶色彩鲜艳，身上有好多条纹，翅膀和身体有各种花斑，最大的蝴蝶展翅可达28~30厘米，最小的只有0.7厘米左右。

下面请欣赏有关蝴蝶的诗词作品《宿新市徐公店》。

宿新市徐公店

宋·杨万里

篱落疏疏一径深，树头新绿未成阴。

儿童急走追黄蝶，飞入菜花无处寻。

◆ 温馨提示 ◆

1. 选料时一定要选用颜色鲜艳的原料。

2. 分别进行整雕、组合雕的练习。

3. 用此技法可刻出蜻蜓、甲虫等。

◆ 考核标准 ◆

项目	标准	分值
德育	有健康的审美情趣，善于从日常生活中发现美	30
	节约用料，能养成良好的成本管理习惯	
	能够将工匠精神、创新精神融入作品雕刻中	
理论	了解蝴蝶的寓意和本雕刻作品的适用场合	20
	掌握蝴蝶的生活习性和体态特征	
技能	掌握对材料平面进行刀工处理的方法，能熟练运用各种刻法	50
	刀工细腻、比例协调	
	动态十足、造型逼真	
	能合理选用雕刻用料	
	能在 60 分钟内完成作品	

36

练习 雕刻蝈蝈

◀ 知识要点 ▶

　　1. 寓意与作用：蝈蝈属杂食性昆虫，食肉性强于食植性，主要以捕食昆虫及田间害虫为生，是田间卫士和捕捉害虫的能手。此作品多用于冷盘、热菜、展台的围边装饰。

　　2. 常用原料：宜选用质地结实、体积较长大的瓜果、根茎类原料，如实心南瓜、萝卜等。

　　3. 常用工具：有主雕刀、刻线刀等。

　　4. 常用手法与刀法：有横握法、执笔法、戳刀法等。

◀ 准备原料 ▶

　　青萝卜 1 个，重约 1 斤；心里美萝卜 1 个，重约 1 斤

◀ 技能训练 ▶

　　1. 取青萝卜一块，并在上面画出蝈蝈的轮廓（图 1）。

2. 用主雕刻刀将蝈蝈的身体刻出来（图2）。

3. 刻出蝈蝈的头、颈、翅膀、腹部和前后脚（图3）。

4. 将蝈蝈装上触须，与雕刻好的心里美萝卜底座组合在一起，完成作品（图4）。

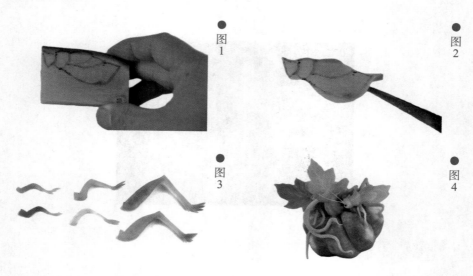

● 图1

● 图2

● 图3

● 图4

◀ **拓展空间** ▶

蝈蝈

蝈蝈在中国分布很广，按产地分，有北蝈蝈与南蝈蝈两大类。北蝈蝈又分为京蝈蝈（又名燕蝈蝈）、冀蝈蝈（易县）、晋蝈蝈、鲁蝈蝈。生长在我国南方各省的统称为南蝈蝈，但个头较小，鸣声小而尖，体色不纯正。总体来说，北蝈蝈个头大、皮实、耐旱、鸣声强劲有力。

◀ **温馨提示** ▶

1. 蝈蝈的腹部要雕大一点。

2. 蝈蝈的翅膀可以用不同颜色的原材料代替。

3. 可先进行蝈蝈的雕刻，再练习螳螂的拓展雕刻。

◆ 考核标准 ◆

项目	标准	分值
德育	有健康的审美情趣，善于从日常生活中发现美	30
	节约用料，能养成良好的成本管理习惯	
	能够将工匠精神、创新精神融入作品雕刻中	
理论	了解本雕刻作品的适用场合	20
	掌握蝈蝈的生活习性和体态特征	
技能	掌握对材料平面进行刀工处理的方法，能熟练运用各种刻法	50
	刀工精细、线条流畅	
	造型逼真、组装娴熟	
	能合理选用雕刻用料	
	能在 60 分钟内完成作品	

第五篇

禽鸟神兽雕刻技能

　　禽鸟神兽雕刻技能在食品雕刻中难度最大，它需要学生准确把握禽鸟神兽的身体结构特点及尺寸比例关系，灵活运用各种雕刻技法，雕刻出造型复杂、形态逼真的喜鹊、鹦鹉甚至骏马、蛟龙等作品。

　　在雕刻禽鸟时，鸟头造型多为球形，鸟身多为蛋形，尾巴多为扇形。练习时，先在原料表面勾勒出鸟的大致形状后再进行雕刻，这称为图画法；也有用几何方法进行定型的，即将鸟的身体结构划分为几个形状；还有将鸟的轮廓粗坯分为八棱四面来处理的，即鸟背一个面，腹部一个面，躯干两侧两个面，四个大面相交处去掉大的边线，就有了四个大面、四个小面。

37

练习 鸟头的雕刻

◀ 知识要点 ▶

1. 作用：雕刻鸟头是雕刻禽鸟类的基础和非常重要的环节。

2. 常用原料：雕刻鸟头宜选用质地紧密、结实、体积较大的瓜果、根茎类原料，如长南瓜、萝卜、荔浦芋头等。

3. 常用工具：雕刻鸟头的常用工具有菜刀、雕刻主刀、V 形戳刀、U 形戳刀等。

4. 常用手法：雕刻鸟头的常用手法是直刀法、横刀法、执笔法、戳刀法、弧形刀法等。

◀ 准备原料 ▶

胡萝卜 1 个，重约 1 斤

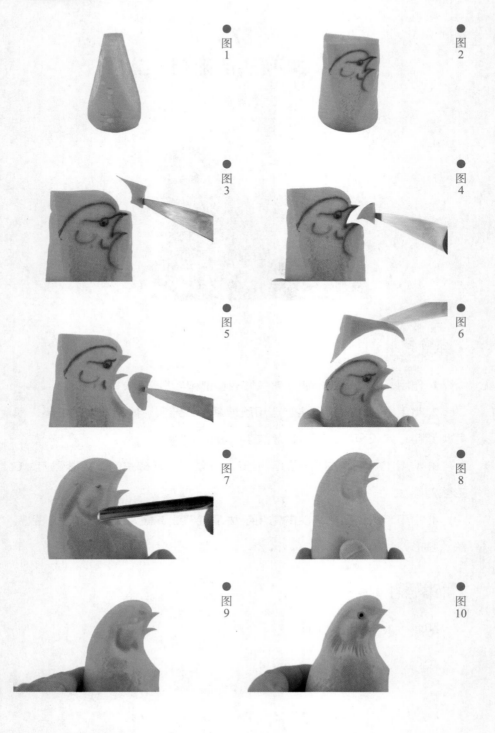

图 1

图 2

图 3

图 4

图 5

图 6

图 7

图 8

图 9

图 10

1. 粗坯修整：先用菜刀将胡萝卜切出一小段，然后左右各一刀将原料修整成上大下小的坯子（图1）。用水性笔在胡萝卜侧面刻画出小鸟头部的轮廓（图2）。

2. 鸟嘴雕刻：依照水性笔画出的小鸟头部轮廓，用雕刻主刀雕刻出鸟的上嘴和下嘴（图3、图4）。

3. 用雕刻主刀去除嘴下的原料（图5），再去除头顶的原料（图6）。

4. 脸部和眼睛的雕刻：使用执笔刀法，用U形戳刀和雕刻主刀戳出鸟头脸部和眼睛轮廓（图7至图9）。

5. 细部修整：使用执笔刀法，用划线刀刻出头部的绒毛和羽毛，最后组装好仿真眼（图10），一个小鸟的头部就雕刻完成了。

◀ 拓展空间 ▶

下面请欣赏有关鸟的诗词作品《题李凝幽居》。

题李凝幽居

唐·贾岛

闲居少邻并，草径入荒园。

鸟宿池边树，僧敲月下门。

过桥分野色，移石动云根。

暂去还来此，幽期不负言。

◀ 温馨提示 ▶

1. 小鸟头部造型复杂，需要用小块原料反复练习。

2. 可分步练习，如先进行小鸟头部的绘画练习，再进行雕刻练习等。

3. 将本作品稍加修改，举一反三，就可以拓展学习绶带鸟、喜鹊、燕子、鸽子、锦鸡、雄鸡、孔雀、凤凰等禽鸟类的雕刻。

项目	标准	分值
德育	有健康的审美情趣，善于从日常生活中发现美	30
	节约用料，能养成良好的成本管理习惯	
	能够将工匠精神、创新精神融入作品雕刻中	
理论	了解本雕刻作品的适用场合	20
	掌握鸟头的构造特征	
技能	准确把握作品的尺寸和各部位的比例关系，灵活运用各种雕刻技法	50
	技法娴熟、比例协调	
	动态十足、刀工细腻	
	能合理选用雕刻用料	
	能在 60 分钟内完成作品	

38
鸟翅膀的雕刻

◆ 知识要点 ◆

1. 作用：雕刻鸟翅膀是禽鸟类雕刻的基础和非常重要的环节。

2. 常用原料：雕刻鸟翅膀宜选用质地紧密、结实、体积较大的瓜果、根茎类原料，如长南瓜、萝卜、荔浦芋头等。

3. 常用工具：雕刻鸟翅膀的常用工具为菜刀、雕刻主刀、V 形戳刀、U 形戳刀等。

4. 常用手法：雕刻鸟翅膀宜使用直刀法、横刀法、执笔法、戳刀法、弧形刀法。

◆ 准备原料 ◆

青萝卜 1 个，重约 2 斤

◆ 技能训练 ◆

1. 粗坯修整：先用菜刀将原料切出一小段，再用水性笔在原料上画出鸟类翅膀的轮廓（图 1）。

2. 鸟嘴雕刻：依照水性笔画出的翅膀轮廓，用雕刻主刀去除废料（图 2）。

3. 根据鸟类翅膀羽毛的生长规律，用雕刻主刀刻出细小的鳞片羽（图 3）。

4. 雕刻好鳞片羽后，用雕刻主刀刻出稍长一些的覆羽（图 4）。

5. 使用执笔刀法，用 U 形戳刀戳出翅膀的最外层飞羽，最后用主雕刻刀将翅膀从原料上取下来即可。

图
1

图
2

图3

图4

国家级非物质文化遗产——仙桃雕花剪纸

仙桃雕花剪纸流传于湖北省仙桃市一带，具有悠久的传承历史。制作时，由艺人先用刻刀和白纸在蜡盘上雕出俗称"花样子"的绣花纹样，雕刻时一般可重叠一二十层。刻刀多由闹钟发条和手术刀加工而来，蜡盘则以菜油、白蜡及香炉灰的合成物盛于小木圆盘中。艺人雕出的"花样子"多为"喜鹊登梅""龙凤呈祥""鸳鸯戏水""金鱼闹莲""鲤鱼跳龙门""狮子滚绣球"之类的吉祥瑞庆图案，一般用作鞋、鞋垫、帽、枕头、门帘等的刺绣纹样。

仙桃雕花剪纸构图繁复完整，黑白虚实分明，刀法流利工整，做工精细严谨，点画秀美匀称，线条舒展圆润，图案丰满均衡，具有写实兼写意、变形不失原形、艺术语言丰富、装饰风味浓重的特点，在民间剪纸中独具一格。

温馨提示

1.鸟类翅膀造型复杂，需要用小块原料反复练习。

2.可分步练习，如先练习绘画鸟类翅膀，再进行雕刻练习。

3.将本作品稍加修改，举一反三，就可以拓展学习雕刻绶带鸟、喜鹊、燕子、鸽子、锦鸡、雄鸡、老鹰、孔雀、凤凰等任何禽鸟类的翅膀。

项目	标准	分值
德育	能够从中国传统手工艺作品中感受中国传统文化的博大精深	30
	节约用料，能养成良好的成本管理习惯	
	能够将工匠精神、创新精神融入作品雕刻中	
理论	了解基本雕刻技法	20
	掌握鸟翅膀的结构特征	
技能	准确把握作品的尺寸和各部位的比例关系，灵活运用各种雕刻技法	50
	层次分明、栩栩如生	
	刀工细腻、比例协调	
	能合理选用雕刻用料	
	能在 60 分钟内完成作品	

39
小鸟爪的雕刻

◀ 知识要点 ▶

1. 作用：雕刻小鸟爪是禽鸟类雕刻的基础和非常重要的环节。

2. 常用原料：雕刻小鸟爪宜选用质地紧密、结实、体积较大的瓜果、根茎类原料，如长南瓜、萝卜、荔浦芋头等。

3. 常用工具：雕刻小鸟爪的常用工具为菜刀、雕刻主刀、V形戳刀、U形戳刀等。

4. 常用手法：雕刻小鸟爪宜使用直刀法、横刀法、执笔法、戳刀法、弧形刀法。

◆ 准备原料 ▶

胡萝卜1个，重约1斤

◆ 技能训练 ▶

1. 粗坯修整：先用菜刀将原料切下一小段，修整成长三角形的粗坯，并确定好爪子与掌背的大概形状（图1）。

2. 将原料右边两侧修薄，然后去掉小腿上方的原料（图2）。

3. 去掉小腿下方的原料，确定好整个小腿的大概形状（图3）。

4. 用雕刻主刀刻出每只脚爪的位置，三前一后。去除废料，将脚爪分开，并刻出每只脚爪的关节（图4、图5）。

5. 用雕刻主刀刻出后脚爪（图5），并依次雕刻出内、中、外脚爪（图6、图7）。

6. 用雕刻主刀去掉鸟爪上的棱角并修整光滑（图8），然后用划线刀刻出鸟爪上的花纹。一个前伸抓握的小鸟爪就雕刻完成了。

图1

图2

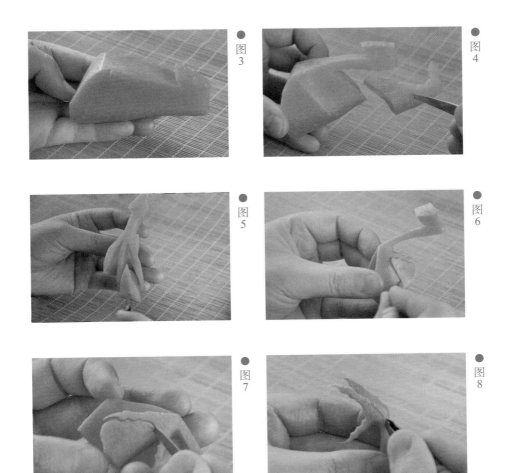

图3

图4

图5

图6

图7

图8

◀ 拓展空间 ▶

国家级非物质文化遗产——青田石雕

青田石雕是以青田石为材料的传统石雕艺术，因取材于浙江青田县所产优质叶蜡石而得名。青田石质地温润，脆软相宜，色彩丰富，花纹奇特，既是篆刻艺术的最佳印材，又是石雕艺术的理想石料。

据史料记载，青田石雕工艺发端于六朝时期，讲究因材施艺，因色取巧，有相石、开坯、雕琢、封蜡、润色等工序，尤以镂雕技艺见长，且圆雕、镂雕、高浅浮雕、线刻交替使用。青田石雕题材广泛，鱼虫花鸟、山水人物皆有，均精雕细刻，神形兼备，写实尚意诸法齐备，大气之中不失精妙，工艺规范，自成一格。

◀ 温馨提示 ▶

1. 小鸟爪造型复杂，需要用小块原料反复练习。

2. 可分步练习，如先练习绘画小鸟爪，再进行雕刻练习等。

3. 将本作品稍加修改，举一反三，就可以拓展学习雕刻绶带鸟、喜鹊、燕子、鸽子、锦鸡、雄鸡、老鹰、孔雀、凤凰等任何禽鸟类爪子。

◀ 考核标准 ▶

项目	标准	分值
德育	能够从中国传统手工艺作品中感受中国传统文化的博大精深	30
	节约用料，能养成良好的成本管理习惯	
	能够将工匠精神、创新精神融入作品雕刻中	
理论	了解基本雕刻技法	20
	掌握鸟爪的结构特征	
技能	准确把握作品的尺寸和各部位的比例关系，灵活运用各种雕刻技法	50
	鸟爪逼真、遒劲有力	
	刀工细腻、比例协调	
	能合理选用雕刻用料	
	能在 60 分钟内完成作品	

40

练习 雕刻喜鹊

◆ **知识要点** ▶

1. 寓意与作用：黑喜鹊的体形特点是头、颈、背至尾均为黑色，并自前往后分别呈现紫色、绿蓝色、绿色等光泽，双翅黑色，在翼肩有一大块白斑，尾缘较翅长，呈楔形；嘴、腿、脚纯黑色。腹面以胸为界，前黑后白，雌雄羽色相似。在中华文化中，鹊桥常常成为连接男女情缘的桥梁，在民间，将喜鹊作为"吉祥"的象征。本作品适用于冷盘、热菜的围边装饰及展台的布置等。

2. 常用原料：雕刻喜鹊的常用原料一般以质地紧密、结实、体积较大的瓜果、根茎类原料为宜，如长南瓜、萝卜、荔浦芋头等。

3. 常用工具：雕刻喜鹊的常用工具有菜刀、主雕刀及 V 形和 U 形戳刀等。

4. 常用手法与刀法：雕刻喜鹊的常用手法与刀法有直握法、横握法、执笔法、戳刀法、旋刻刀法。

胡萝卜1个，重约2斤

1. 粗坯修整：先用菜刀将原料切一小段修整成方形坯子，然后用水性笔在侧面画出喜鹊头部的轮廓（图1），并雕刻出上嘴和下嘴（图2、图3）。

2. 将剩下的原料用雕刻主刀修成圆柱形，与雕刻好的喜鹊头对接好（图4）。

3. 再用雕刻主刀雕刻出喜鹊的动态轮廓，包括喜鹊的嘴和眼（图5）。

4. 在对接好的圆柱形粗坯上用雕刻主刀定下尾巴的长度，再在身体两侧定下一对翅膀的位置。留出翅膀的轮廓待下一步雕刻用（图6）。

5. 翅膀的雕刻：使用执笔刀法，用主刀戳出翅膀的羽毛（图7）。

6. 尾部、腿部的雕刻：用主刀在尾部刻出长长的羽毛线条（图8），在腹部的后端用执笔刀法雕刻出一对鸟爪，最后用划线刀刻出细部羽毛，装上仿真眼（图9）。

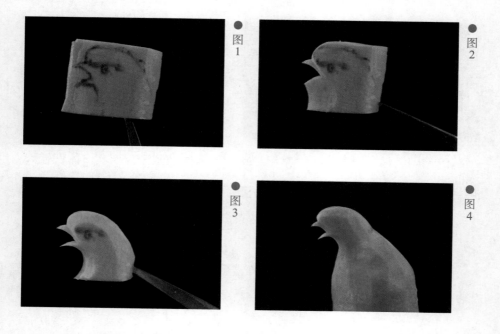

● 图1　● 图2　● 图3　● 图4

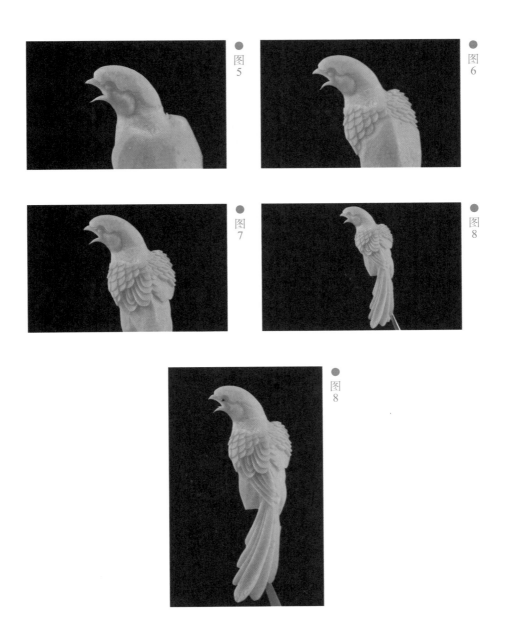

图 5

图 6

图 7

图 8

图 8

◆ 拓展空间 ◆

喜 鹊

喜鹊，是自古以来深受人们喜爱的鸟类，是好运与福气的象征。在中国的民间传说中，每年的七夕，人间所有的喜鹊会飞上天河，搭起一座鹊桥，引牛郎和织女相会，因而，在中华文化中，常将喜鹊作为"吉祥"的象征。如两只喜鹊面对面，叫"喜相逢"；双鹊中间加一枚古钱，叫"喜在眼前"；一只獾和一只鹊在树上树下对望，叫"欢天喜地"；流传最广的，则是鹊登梅枝报喜图，又叫"喜上眉梢"。

◀ 温馨提示 ▶

1. 喜鹊头、腿部造型复杂，可用小块原料反复练习。

2. 课内可分部位进行教学，如头部、腿部等的练习。

3. 喜鹊头、腿部造型复杂，应重点练习。

4. 用此技法可练习雕刻锦鸡、绶带鸟。

◀ 考核标准 ▶

项目	标准	分值
德育	有健康的审美情趣，善于从日常生活中发现美	30
	节约用料，能养成良好的成本管理习惯	
	能够将工匠精神、创新精神融入作品雕刻中	
理论	了解喜鹊的文化寓意及该雕刻作品的适用场合	20
	掌握喜鹊的体型特征和身体比例关系	
技能	准确把握作品的尺寸和各部位的比例关系，灵活运用各种雕刻技法	50
	比例协调、栩栩如生	
	技法娴熟、刀工细腻	
	能合理选用雕刻用料	
	能在60分钟内完成作品	

41

练习 **雕刻鹦鹉**

◆ **知识要点** ▶

　　1. 寓意与作用：鹦鹉，以其美丽无比的羽毛、善学人语的技能，为人们所钟爱。这些属于鹦形目、鹦鹉科的飞禽，分布在温带、亚热带、热带的广大地域。鹦鹉在民间象征吉祥如意。此作品多用于冷盘、热菜、展台的围边装饰。

　　2. 常用原料：雕刻鹦鹉的常用原料一般以质地紧密、结实、体积较大的瓜果、根茎类原料为宜，如长南瓜、萝卜、荔浦芋头等。

　　3. 常用工具：雕刻鹦鹉的常用工具主要有菜刀、主雕刀、V形和U形戳刀等。

　　4. 常用手法与刀法：雕刻鹦鹉的常用手法与刀法主要有直刀法、横刀法、执笔法、戳刀法、弧形刀法。

长南瓜 1 个，重约 2 斤

◀ 技能训练 ▶

1. 粗坯修整：用直握手法将原料底部切平，用尖头刀把原料上面部分的两边削去，将中间削成扁尖形（图 1）。在原料的上前端用执笔法刻出鹦鹉头部的轮廓（图 2）。

2. 雕刻头部：用执笔法刻出扇形的鹦鹉冠羽，再刻出扁圆钩形的嘴，然后在头部的中上部刻出眼睛（图 3）。

3. 雕刻身体：向下延伸把身体修成椭圆形，在身体两侧刻出鹦鹉翅膀的轮廓（图 3）。

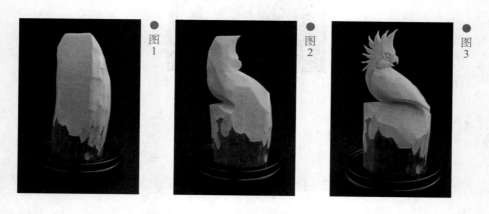

图 1　图 2　图 3

4. 雕刻翅膀、尾部：用 U 形戳刀戳出鹦鹉翅膀的三层羽毛，小覆羽为鳞片形、中覆羽为中片、飞羽为长片。戳刻的方向从翅膀的根部开始到翅尖，最后削去飞羽下面的废料使翅膀显现出来。在身体后下端用主刀刻出扇形的尾部轮廓，再用 V 形戳刀刻出六七根尾羽，从下往上刻，并把尾羽下面的余料用主刀修去（图 4、图 5）。

5. 雕刻腿部：用主刀先把腹部修圆，在腹部的后端用执笔法雕刻出一对鸟爪，分别是前后脚趾各两只。挖去腿下面和腿中间的余料，使鸟爪显现出来（图 6）。

6. 装饰及修整：最后用 U 形戳刀刻出假山石、头颈羽毛，再进行细部修整就可以了（图 7）。

● 图 4

● 图 5

● 图 6

● 图 7

◆ 拓展空间 ◆

鹦鹉

鹦鹉很早便成为文人骚客笔下的主角。唐朝诗人李白的《鹦鹉洲》中就有关于鹦鹉产地的描述："鹦鹉来过吴江水，江上洲传鹦鹉名。鹦鹉西飞陇山去，芳洲之树何青青。"诗句中的陇山，又名陇坻，在今天陕西宝鸡市陇县西北，相传鹦鹉就出产在这里。

1. 鹦鹉头、嘴部造型复杂，可用小块原料反复练习。

2. 雕刻时要注意，飞羽的羽毛外侧较长而内侧较短。

3. 鹦鹉头、嘴部造型复杂，可按部位进行练习。

4. 使用此雕刻方法，可练习雕刻锦鸡、绶带鸟等作品。雕刻时，应掌握它们头部和嘴部的特征。

◀ 考核标准 ▶

项目	标准	分值
德育	有健康的审美情趣，善于从日常生活中发现美	30
	节约用料，能养成良好的成本管理习惯	
	能够将工匠精神、创新精神融入作品雕刻中	
理论	了解鹦鹉的文化寓意及该雕刻作品的适用场合	20
	掌握鹦鹉的体型特征和身体比例关系	
技能	准确把握作品的尺寸和各部位的比例关系，灵活运用各种雕刻技法	50
	特征分明、动态十足	
	比例协调、技法娴熟	
	能合理选用雕刻用料	
	能在 60 分钟内完成作品	

42
练习 雕刻锦鸡

◀ 知识要点 ▶

1. 寓意与作用：锦鸡是一种雉科动物，是白腹锦鸡、红腹锦鸡的统称，为中国特有鸟种。在中华文化中，锦鸡常常是"吉祥"的象征，预示着美好的未来"前程似锦"。本作品适用于冷盘、热菜的围边装饰及展台的布置等。

2. 常用原料：雕刻锦鸡宜选用质地紧密、结实、体积较大的瓜果、根茎类原料，如长南瓜、萝卜、荔浦芋头等。

3. 常用工具：雕刻锦鸡宜使用菜刀、雕刻主刀、V 形戳刀、U 形戳刀等工具。

4. 常用手法：雕刻锦鸡宜使用直刀法、横刀法、执笔法、戳刀法和弧形刀法。

◀ 准备原料 ▶

长南瓜 1 个，重约 5 斤

◀ 技能训练 ▶

1. 粗坯修整：先用菜刀将原料切下一小段，再拼接成 L 形的坯体。然后用水性笔在原料侧面画出锦鸡的大概轮廓（图 1）。

2. 用雕刻主刀沿所画线条，将嘴巴上方额头前端的原料去除，突出嘴与额头的轮廓（图 2、图 3）。

3. 用雕刻主刀划分好锦鸡的头冠和脸部区域（图 4），再雕刻锦鸡的眼睛和脸部细节（图 5）。

4. 用雕刻主刀刻好锦鸡头冠上的鳞片纹（图6），另取一小片原料刻出锦鸡的冠羽，并连接在头顶部（图7）。

5. 用雕刻主刀确定尾巴的长度，再在身体两侧确定出一对翅膀的位置，留出翅膀的轮廓待下一步雕刻用（图8）。

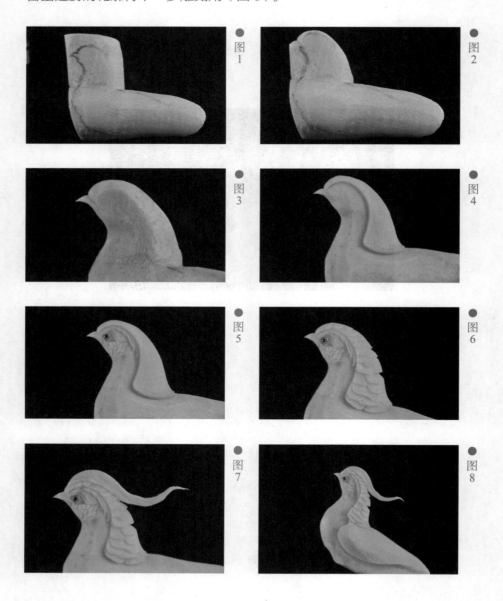

图1 图2 图3 图4 图5 图6 图7 图8

6. 翅膀的雕刻：使用执笔刀法用主刀戳出翅膀的羽毛（图9）。

7. 尾部、腿部雕刻：用V形戳刀在尾部戳出一圈上翘的羽毛，在腹部的下端用执笔刀法刻出腿部羽毛（图10、图11）。

8. 另取两片长形原料，用水性笔和划线刀刻画出锦鸡的尾羽，并连接在尾部（图12至图14）。

9. 另取长形原料，用雕刻小鸟爪的技法雕刻出锦鸡的爪子，并连接在锦鸡的腿上（图15、图16）。最后装上仿真眼，配以假山、植物等装饰。一个预示着美好未来的锦鸡作品就完成了。

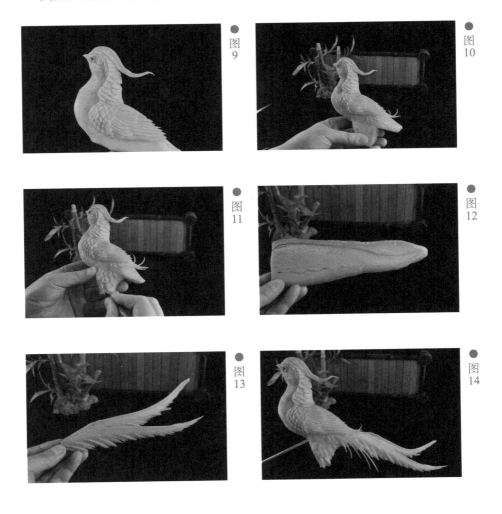

图9

图10

图11

图12

图13

图14

图15

图16

◆ 拓展空间 ▶

锦鸡

锦鸡是国家二级保护动物，雄鸟全长约140厘米，雌鸟约长60厘米。雄鸟头顶、背、胸为金属翠绿色；羽冠紫红色；后颈披肩羽为白色，有黑色羽缘；下背棕色，腰部朱红色；飞羽暗褐色。尾羽长，有黑白相间的云状斑纹；腹部白色；嘴和脚蓝灰色。雌鸟上体及尾大部分为棕褐色，缀满黑斑。

锦鸡是雉科中最华丽的种类，因雄鸟具有一身艳丽无比的羽毛而世界闻名。全世界仅有红腹锦鸡和白腹锦鸡，绝大部分都分布于中国，其中，红腹锦鸡更是我国的特产。

中国土家族还有同名的民间长篇叙事诗《锦鸡》，类似汉族神话故事《天仙配》。锦鸡化身的土家族姑娘惩恶扬善，终获幸福。其语言生动简洁，自然朴实，具有感人的艺术魅力。

◆ 温馨提示 ▶

1. 锦鸡头、腿部造型复杂，可用小块原料反复练习。

2. 锦鸡头、腿部、爪子造型复杂，可按部位练习。

3. 可用此技法练习雕刻凤凰、绶带鸟。注意区分它们头、冠、尾部的细节。

项目	标准	分值
德育	有健康的审美情趣，善于从日常生活中发现美	30
	节约用料，能养成良好的成本管理习惯	
	能够将工匠精神、创新精神融入作品雕刻中	
理论	了解锦鸡的文化寓意及该雕刻作品的适用场合	20
	掌握锦鸡的体型特征和身体比例关系	
技能	准确把握作品的尺寸和各部位的比例关系，灵活运用各种雕刻技法	50
	比例协调、刀工细腻	
	动态十足、造型逼真	
	能合理选用雕刻用料	
	能在 120 分钟内完成作品	

43
练习 雕刻鸳鸯

◀ 知识要点 ▶

1.寓意与作用：鸳鸯，为水禽的一种，体形小于鸭子，造型独特，羽毛色泽艳丽，特别是雄性的羽冠十分美丽。其性温顺，在水中常常是雄雌结伴而游，所以，在中国传统文化中，将鸳鸯誉为专一爱情和美满婚姻的象征。其造型非常适用于婚宴。有些作品中，还将用白萝卜雕刻成的莲花伴在鸳鸯左右，取白莲"百年"的谐音，有和谐美满、白头偕老之意。

2. 常用原料：雕刻鸳鸯的常用原料是质地结实、体积较长大的瓜果、根茎类原料，如实心南瓜、大萝卜、荔浦芋头等。

3. 常用工具：雕刻鸳鸯的常用工具有主雕刀、V 形和 U 形戳刀等。

4. 常用手法：雕刻鸳鸯的常用手法有直握法、横握法、执笔法、戳刀法。

◆ 准备原料 ◆

长南瓜 1 个，重约 5 斤

◆ 技能训练 ◆

1. 取南瓜一块，用菜刀将其切成近似长方体的形状，其长宽比约 2∶1，厚度约为宽度的 1/2（图 1）。

2. 雕刻头部、颈部：用执笔法先将作品头顶冠羽前凸后凹的曲线刻好，然后把喙雕成尖扁形，刻出略微弯曲的喙，之后往下刻出颈部的曲线，最后刻出眼睛和颈部的羽毛（图 2、图 3）。

3. 雕刻身体与尾部：先将身体的大小和长度修整好，胸部呈凸圆形，往后端逐渐收小，背部宽些，腹部渐渐收小些。然后在身体左右两侧，用主刀刻出向下弯曲的翅膀轮廓，将其下一层废料去掉，使翅膀突出并从前往后刻出翅膀上层相叠的羽毛。刻羽毛时，可用主刀，也可用槽刀。最后刻背上的相思羽，即将翅膀上端的三角形原料左右两面刻成略凹的斜面，并将其靠头颈部的边刻成内凹的曲线，将朝后的边刻成 4~5 个外凸的弧形，而后刻出与前曲线基本平行的纹路线条（图 4）。

4. 雕刻尾部：将尾部雕刻成略向上翘的尖锥形，并在上面用 U 形戳刀戳刻出羽毛。

5. 以上为雄鸳鸯的雕刻流程，雌鸳鸯除没有相思羽外，其他雕刻内容均与雄鸳鸯相同。最后将雕刻好的雌雄鸳鸯组合在一起。

 ● 图 1

 ● 图 2

 ● 图 3

 ● 图 4

◀ 拓展空间 ▶

鸳鸯

鸳鸯在人们心目中是永恒爱情的象征，是相亲相爱、白头偕老的表率。人们甚至认为，鸳鸯一旦结为配偶，便相伴终生，即使一方不幸死亡，另一方也不再寻觅新的配偶，而是孤独凄凉地度过余生。其实，这只是人们看见鸳鸯在清波明湖中的亲昵举动，通过联想产生的美好愿望，是人们将自己的幸福理想赋予了美丽的鸳鸯。事实上，鸳鸯并非总是成对生活的，配偶更非终身不变，在鸳鸯的群体中，雌鸟也往往多于雄鸟。

1. 雕刻鸳鸯时，不要忽视粗坯的形体关系和比例安排，应掌握其头颈、身体与尾部大约各占身体 1/3 的比例关系。

2. 要强调和适当夸张鸳鸯的造型特点，特别要突出鸳鸯头部的冠羽和雄鸳鸯背部的相思羽的效果。

3. 要将鸳鸯的羽毛刻得整齐，层次清晰，以表现鸳鸯羽毛的华丽。

4. 应突出鸳鸯各部位的造型比例关系和头部的外形特点。

5. 应把握好鸳鸯和谐的神韵。

6. 使用此方法，可练习雕刻天鹅。

◀ 考核标准 ▶

项目	标准	分值
德育	有健康的审美情趣，善于从日常生活中发现美	30
	节约用料，能养成良好的成本管理习惯	
	能够将工匠精神、创新精神融入作品雕刻中	
理论	了解鸳鸯的文化寓意及该雕刻作品的适用场合	20
	掌握鸳鸯的形态特征和身体比例关系	
技能	准确把握作品的尺寸和各部位的比例关系，灵活运用各种雕刻技法	50
	比例协调、刀工细腻	
	动态十足、栩栩如生	
	能合理选用雕刻用料	
	能在 120 分钟内完成作品	

44
练习 **雕刻雄鸡报晓**

◆ **知识要点** ▶

1. 寓意与作用：雄鸡打鸣时总爱站在高处醒目的位置，蹬腿，伸颈，仰头，一系列亮相只为告诉人们新的一天开始了。雄鸡在我国传统文化中有着谦恭、勤快、尽心尽责、任劳任怨的美誉。雄鸡同时又是雄赳赳、气昂昂的勇士的化身，因而在民间被作为避邪的吉祥物。其造型适用于各种中高档宴席、菜肴的装饰及展台布置。

2. 常用原料：雕刻雄鸡报晓的常用原料是质地结实、体积较长大的瓜果、根茎类原料，如实心南瓜、大萝卜、荔浦芋头等。

3. 常用工具：雕刻雄鸡报晓的常用工具有主雕刀、V 形和 U 形戳刀等。

4. 常用手法：雕刻雄鸡报晓的常用手法有纵刀法、横刀法、执笔法、戳刀法等。

长南瓜 1 个, 重约 5 斤

◀ 技能训练 ▶

1. 粗坯修整: 取长度为 1 倍于直径的南瓜原料, 去皮后用菜刀将直立的圆柱原料从上端中间到原料纵向约 1/2 处, 左右各切一斜面, 然后再从上端约 2/3 宽度处向下切一刀至纵向约 1/3 处, 并去掉废料, 使粗坯呈 "b" 形 (图 1)。

2. 雕刻头颈部: 从粗坯上端距边沿 1 厘米处用主刀向下刻约为上端宽度 1/2 深的槽, 并去除废料, 以确定鸡冠子的高度, 然后刻出头顶的曲线轮廓, 将头顶以上冠子的原料刻成约 2 毫米厚的薄片, 并刻出冠子的形状。之后刻出张开的喙, 并在喙的下方刻出左右一对水滴形垂冠。将椭圆形的头形刻好后, 在头部的前上方刻出一双眼睛, 在头部的后下方刻出月牙形的对称的耳郭, 最后在头下方刻出颈部略弯曲的外形曲线和外凸的胸部, 并自上而下刻出颈部的毛 (图 2、图 3)。

3. 雕刻身体: 先确定身体的大小, 把背部与后颈及尾部的关系刻好, 把腹部与胸部的关系刻好。身体的宽度约是身体长度的 1/2。应将身体外形刻成微凸的曲线形, 然后在身体左右两侧、颈部的下后方刻出翅膀, 翅尖要往下斜, 翅膀上的羽毛也要相应地层层往下斜 (图 4)。

4. 雕刻尾部: 先确定尾部高度, 再刻出向上翘起后自然垂下的尾部外形曲线。尾部前端与身体末端相接。身体末端是左右两个面的相交处。尾部前宽后窄, 近似三角形。然后在翅膀的后面刻一层比颈部羽毛小的细长羽毛, 去一层废料之后, 在尾部的两个面刻出与整个尾部弯曲度基本一致、与颈部羽毛长度相仿的大尾羽 (图 5)。

5. 雕刻脚爪: 修整腹部下方剩余原料, 与身体两侧宽度一样, 然后在腹部下方偏后的位置刻出一对向下直立的脚爪。最后修整组装即可 (图 6)。

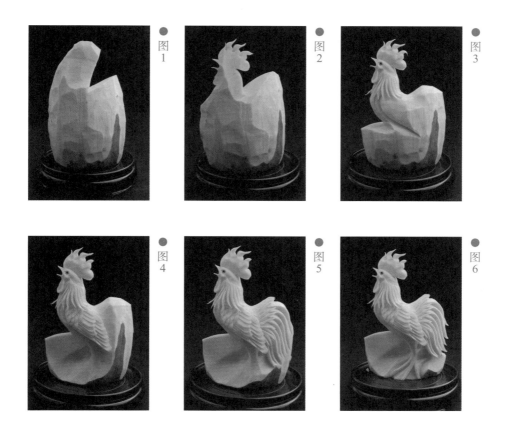

图1　图2　图3　图4　图5　图6

◢ 拓展空间 ◣

　　1950 年 10 月中华人民共和国建国一周年，中央人民政府举行了盛大的庆典。10 月 3 日，毛主席与柳亚子先生同席观看了歌舞晚会，柳亚子即兴赋《浣溪沙》一首赠予毛主席。次日，毛主席因步其韵奉和《浣溪沙·和柳亚子先生》。

浣溪沙·和柳亚子先生

毛泽东

长夜难明赤县天，百年魔怪舞翩跹，人民五亿不团圆。

一唱雄鸡天下白，万方乐奏有于阗，诗人兴会更无前。

1. 要掌握作品中雄鸡的结构比例关系。可用"三开"法，即把握住雄鸡的头颈部、身体与尾部的比例基本上各占身体 1/3 的关系。

2. 作品应能表现雄鸡鸣叫时的动态：头要略向上抬起，颈部上扬，胸部挺起。身体不是平的，应向后下方坐。双翼微张且向下斜伸，与头颈部形成上下的动态反差，以表现其打鸣时的状态。尾部羽毛稍向上翘起，这是雄鸡明显的特征。

3. 雄鸡喙与头的结构关系与其他禽类的结构关系一样，喙角揳入头前部约 1/3 处，叫时，上下喙应张开，呈三角形。可将眼睛刻得稍大点，眼珠轮廓要清晰，中间的瞳孔要刻得深而坚定，以表现其神韵。

4. 应突出雄鸡各部位的造型比例关系和头部的外形特点。

5. 应把握好雄鸡叫时的神韵。

6. 使用此方法，可雕刻鸡的不同造型。在构图中还可使公鸡、母鸡乃至小鸡同时出现，以营造和谐、温暖、团结的氛围。

◀ 考核标准 ▶

项目	标准	分值
德育	有健康的审美情趣，善于从日常生活中发现美	30
	节约用料，能养成良好的成本管理习惯	
	能够将工匠精神、创新精神融入作品雕刻中	
理论	了解雄鸡的文化寓意及该雕刻作品的适用场合	20
	掌握雄鸡的形态特征和身体比例关系	
技能	准确把握作品的尺寸和各部位的比例关系，灵活运用各种雕刻技法	50
	比例协调、刀工细腻	
	特征分明、动态十足	
	能合理选用雕刻用料	
	能在 120 分钟内完成作品	

45

练习 **雕刻鸟语花香**

◆ **知识要点** ▸

1. 寓意与作用：鸟鸣叫，花喷香，形容春天的美好景象。鸟的种类很多，作品中的小鸟不拘泥于某一种，只是泛指的小鸟。作品展现出动与静的和谐之美、人与自然的和谐之美，表现了人们对大自然的热爱、对美的追求。其造型适用于各种中高档宴席、菜肴的装饰及展台布置。

2. 常用原料：雕刻鸟语花香的常用原料主要是质地结实、体积较长大的瓜果、根茎类原料，如实心南瓜、心里美萝卜等。

3. 常用工具：雕刻鸟语花香的常用工具是主雕刀、V 形和 U 形戳刀等。

4. 常用手法：雕刻鸟语花香的常用手法主要有纵刀法、横刀法、执笔法、戳刀法。

长南瓜 1 个，重约 5 斤；心里美萝卜 1 个，重约 1 斤

◀ 技能训练 ▶

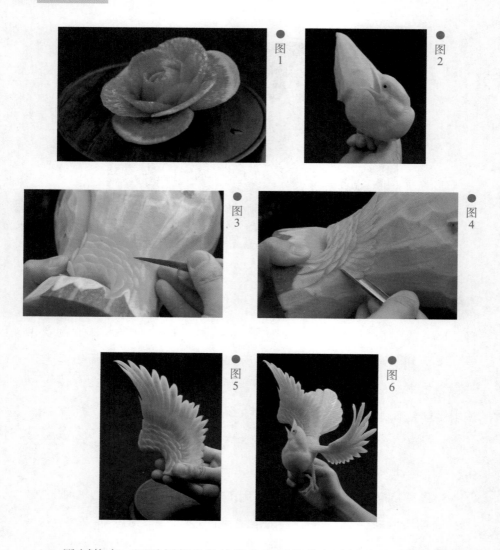

图 1

图 2

图 3

图 4

图 5

图 6

1. 雕刻花卉：用雕刻花卉的技能将心里美萝卜雕刻成一朵月季花（图 1），浸泡在清水中待用。

2.分步骤雕刻小鸟。

（1）在南瓜实心部分的顶部，运用综合刀法分别雕刻出小鸟的嘴、颈、腿等初坯，勾画出小鸟的轮廓（图2）。

（2）在南瓜实心部分的下段，用主刀刻出小鸟翅膀的鳞片状小覆羽（图3）。

（3）依次用U形戳刀在小覆羽上部雕刻出第二层稍长的覆羽（图4）以及第三层飞羽，并将多余的废料取出（图5）。

3.修整组装：将雕刻好的翅膀组装在小鸟的身体上（图6）。

4.成型：在小鸟周围配上雕刻好的花朵和假山即可。

◀ 拓展空间 ▶

国家级非物质文化遗产——壮族《百鸟衣》故事

《百鸟衣》的故事是流传于广西横县校椅一带的壮族民间传说故事，叙述了贫苦农民古卡的妻子依妲用百鸟的羽毛制成神衣，反抗强暴，争取自由的故事，极具百越民族特色，是百越先民智慧发展的产物。它广泛记录了人类从远古以来生息繁衍的自然环境、历史变迁、民族习俗、伦理道德和宗教信仰，表达了人们的艰苦与欢乐、理想与愿望。

◀ 温馨提示 ▶

1.仔细观察老师的雕刻手法，特别是鸟的比例关系和动态的处理技巧。

2.在刻小鸟嘴部的时候，刀身要倾斜45°，避免将鸟嘴刻得很扁。

3.要抓住鸟的头、躯体、翅膀、尾部和脚爪的基本特征。

4.应把握作品整体与局部的关系。

5.使用此方法，可雕刻喜上"梅"梢、双燕迎春等作品。雕刻的关键是掌握动物头、尾部的特征，合理搭配树枝与花卉。

项目	标准	分值
德育	能从中国传统文化中汲取创作灵感，善于从日常生活中发现美	30
	节约用料，能养成良好的成本管理习惯	
	能够将工匠精神、创新精神融入作品雕刻中	
理论	了解鸟语花香的文化寓意及该雕刻作品的适用场合	20
	掌握鸟和花的形态特征及比例关系	
技能	准确把握作品的尺寸和各部位的比例关系，灵活运用各种雕刻技法	50
	比例协调、刀工细腻	
	活泼灵动、造型逼真	
	能合理选用雕刻用料	
	能在 120 分钟内完成作品	

46

练习 雕刻松鹤延年

◀ 知识要点 ▶

1.寓意与作用：鹤，是一种候鸟，造型独特，喙长、颈长、脚长。在我国传统文化中为吉祥、长寿的代表，而松树则被人们赋予坚韧和常青的含义。所以，此造型便具有了长青长寿和吉祥的内涵，广泛适用于中高档宴席和展台装饰，更直接适用于寿宴的装饰。

2. 常用原料：雕刻松鹤延年的常用原料是质地结实、体积较长大的瓜果、根茎类原料，如白萝卜、红樱桃。

3. 常用工具：雕刻松鹤延年的常用工具有主雕刀、V 形和 U 形戳刀等。

4. 常用手法：雕刻松鹤延年的常用手法主要有纵刀法、横刀法、执笔法、戳刀法。

◀ 准备原料 ▶

白萝卜 1 个，重约 3 斤；心里美萝卜，1 片

◀ 技能训练 ▶

1. 修整粗坯：将白萝卜修整成一头大、一头小的长菱形。切下的两块长的余料留着刻翅膀用（图 1）。

2. 雕刻头部、颈部：先在原料顶端确定出头的位置，用执笔刀法刻出头顶的曲线，并将头前面的原料两面刻薄后刻出尖长的喙，然后把椭圆形的头刻好，接着刻颈部。先将头下颈部前面的外形曲线和长度刻好，再刻出与之相应的颈部后面的曲线轮廓。颈部应细长些且有一定的弯曲度（图 2）。

3. 雕刻身体与尾部：先从颈部往下，刻出向外凸起的胸部，然后将腹部和背部的轮廓曲线刻好。背部略微上凸，最后确定尾部的大小、长短，并刻出从上向下弯曲的长条形尾羽（图 3）。

4. 雕刻翅膀：将预留的两块刻翅膀的原料刻成长月牙形，并刻至约 1 厘米的厚度，然后从前至后刻出小覆羽、中覆羽和飞羽（图 4）。

5. 先用主刀刻出苍劲的松树树干和树枝的外形，再用小 U 形戳刀刻出树干上鱼鳞状的粗糙的树皮。然后刻松针，先刻出若干扇形，并用主刀

或 V 形槽刀刻出放射状线条。用心里美萝卜刻一个水滴形薄片，并用黏合剂装在鹤的头顶部，然后用牙签和黏合剂把刻好的双翼装在鹤身体两侧相应的位置处，并插在树干上，最后用黏合剂把刻好的松针装在树枝上（图 5）。

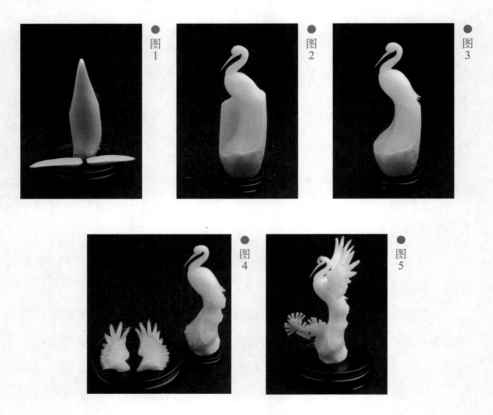

● 图 1　　● 图 2　　● 图 3　　● 图 4　　● 图 5

◀ 拓展空间 ▶

国家级非物质文化遗产——朝鲜族鹤舞

　　鹤舞是我国吉林省延边朝鲜族自治州各县市的一种民间传统舞蹈，在安图县流传十分广泛。其风格朴素、柔和、舒展，动律和动作以模拟鹤的形态为明显特征。表演时，由两名舞者装扮成鹤，模拟鹤的悠闲姿态和搭颈、啄鱼、摆臂等动作，围绕两朵莲花盘旋舞蹈。

鹤舞是朝鲜族民间舞蹈中唯一的鸟类假面舞，它反映了朝鲜族人民对仙鹤的崇信和对善与美的热烈追求，是文化传承、传播和再创造的生动见证。

◀ 温馨提示 ▶

1. 喙的长度相当于 1.5 个头长。喙要直，不能弯曲，喙根要稍揳入头的前部。

2. 颈部细长，约为 2 个头部长，呈自然弯曲状，自上而下由细至稍粗，使之与身体自然连接。

3. 脚细长且直，其长度与颈部长度相仿。

4. 应把握仙鹤祥和的神韵。

5. 用此方法可雕刻白鹭。雕刻时应注意抓住白鹭头部的特点。

◀ 考核标准 ▶

项目	标准	分值
德育	能从中国传统文化中汲取创作灵感，善于从日常生活中发现美	30
	节约用料，能养成良好的成本管理习惯	
	能够将工匠精神、创新精神融入作品雕刻中	
理论	了解仙鹤的文化寓意及该雕刻作品的适用场合	20
	掌握仙鹤的形态特征和身体比例关系	
技能	准确把握作品的尺寸和各部位的比例关系，灵活运用各种雕刻技法	50
	比例协调、刀工细腻	
	造型逼真、动态十足	
	能合理选用雕刻用料	
	能在 120 分钟内完成作品	

47
练习 雕刻雄鹰展翅

◆ 知识要点 ◆

1. 寓意与作用：鹰，是猛禽的一种，体形较大，造型威武，飞翔能力极强，喙较长大，弯钩锐利。通过对"锐利的目光""有力的翅膀"和"钢铁般的利爪"形象的塑造，可展现勇猛顽强、无坚不摧的雄鹰形象。人们往往把鹰比喻为志向远大且不畏艰辛、展翅拼搏的形象，因而，此造型既广泛适用于中高档宴席和展台的装饰，"鹏程万里"更适用于庆功宴或年轻人的生日宴席。

2. 常用原料：雕刻雄鹰展翅的常用原料是质地结实、体积较长大的瓜果、根茎类原料，如实心南瓜、白萝卜等。

3. 常用工具：雕刻雄鹰展翅的常用工具有主雕刀、V 形和 U 形戳刀等。

4.常用手法：雕刻雄鹰展翅的常用手法有纵刀法、横刀法、执笔法、戳刀法。

◀ 准备原料 ▶

长形南瓜 1 个，重约 5 斤

◀ 技能训练 ▶

1.雕刻头、颈部：在原料顶端一侧用主刀刻出一个三角形，备用。在三角形突出部位的一侧靠边沿约 1 厘米处往里刻并去掉废料，然后雕刻出呈弯钩状的喙，并沿着下喙外边刻出颈和胸部。在喙角与头顶间的位置刻出眼睛，最后将头顶和颈部上边的轮廓刻好，延伸至三角尖处（图 1、图 2、图 3）。

2.雕刻身体与尾部：将一块原料组装在身体的后端作为尾部，并雕刻出身体与尾部的羽毛（图 4、图 5）。

3.雕刻脚爪：在腹部后下方的位置处，先刻出略向后屈的腿，然后刻出向前屈的脚爪。爪尖向里勾，前面为三个趾，后面一个趾稍短些，并刻出脚爪上横向的角质纹路。然后对脚爪下剩余的原料稍做修整，雕刻岩石、云纹或浪花，以作衬托。

4.雕刻翅膀：用余料或另取原料，先将两个展开的翅膀内侧的三角形轮廓雕刻出来，再把翅膀外侧的废料刻去，使翅膀的厚度为 1 厘米左右。在翅膀前端从上至下略长于 1/2 的位置处，刻出稍向外凸的关节。用主刀或 U 形戳刀刻出翅膀上的小覆羽、中覆羽和飞羽，并用主刀或刻线刀在飞羽上刻出羽毛的纹路。最后用牙签和黏合剂把刻好的双翼装在雄鹰身体两侧相应的位置处。

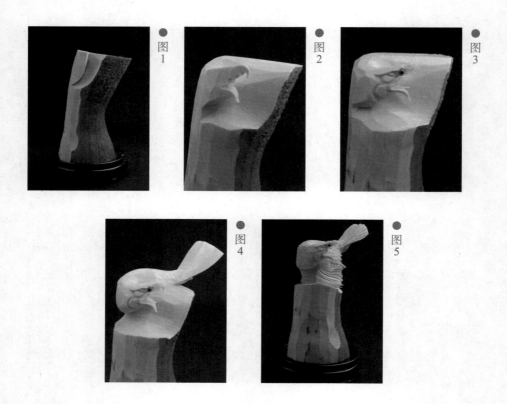

图1　图2　图3　图4　图5

国家级非物质文化遗产——塔吉克族鹰舞

塔吉克族是我国古老的民族之一，他们视鹰为强者、英雄，在民间广布有关鹰的民歌和传说，甚至连舞蹈的起源都与鹰的习性、动态联系在一起。

鹰舞代表了塔吉克族舞蹈特有的风格，它以双人对舞为主，表演时多由一名男子邀请另一男子同舞，两人徐展双臂，沿场地边缘缓缓前进，如双鹰盘旋翱翔；随后节奏转快，两人互相追逐嬉戏，忽而肩背贴近侧目相视，忽而又分开跃起，如鹰起隼落。舞蹈最后在竞技旋转中结束。鹰舞是中国民间舞蹈中极具特色的传统舞蹈形式，艺术价值极高。

◆ **温馨提示** ◆

1.雕刻时，应注意作品的结构关系。向上展开的翅膀应在身体的两侧，转动的头与颈部一定要与双翼间的背脊相连接。

2.鹰的身体宽度大约只是体长的1/4，切忌把作品刻得太肥、太臃肿。作品应能体现鹰姿矫健的特点。

3.应反复练习鹰的眼睛、翅膀、爪子的雕法，抓住鹰目光锐利、翅膀有力和利爪如钢的特点，以表现鹰勇猛顽强、无坚不摧的神韵。

4.鹰通常是食品雕刻创作者较喜欢的雕刻题材，用上述方法，通过改变鹰的姿态，可雕刻出"大鹏展翅""鹰击长空"等不同作品。

◆ **考核标准** ◆

项目	标准	分值
德育	能从中国传统文化中汲取创作灵感，善于从日常生活中发现美	30
	节约用料，能养成良好的成本管理习惯	
	能够将工匠精神、创新精神融入作品雕刻中	
理论	了解雄鹰的文化寓意及该雕刻作品的适用场合	20
	掌握雄鹰的形态特征和身体比例关系	
技能	准确把握作品的尺寸和各部位的比例关系，灵活运用各种雕刻技法	50
	比例协调、刀工遒劲	
	展翅欲飞、造型逼真	
	能合理选用雕刻用料	
	能在120分钟内完成作品	

48
雕刻丹凤朝阳

◆ 知识要点 ▶

　　1. 寓意与作用：丹凤，又称凤凰，有雌雄之分，雄为凤，雌为凰，总称"凤凰"。凤凰是鸡头、燕颔、蛇颈、龟背、鱼尾，身披五彩色，被认为是百鸟中最尊贵者，为鸟中之王，有百鸟朝凤之说。自古以来，它就是中华民族传统文化的重要组成部分。凤凰齐飞，是吉祥和谐的象征。该造型适用于各种中高档宴席、菜肴的装饰及展台布置。

　　2. 常用原料：雕刻丹凤朝阳的常用原料是质地结实、体积较长大的瓜果、根茎类原料，如实心南瓜、大萝卜、荔浦芋头等。

　　3. 常用工具：雕刻丹凤朝阳的常用工具有主雕刀、V 形和 U 形戳刀等。

　　4. 常用手法：雕刻丹凤朝阳的常用手法主要有纵刀法、横刀法、执笔法、戳刀法、弧形刀法等。

长形南瓜 1 个，重约 5 斤

◀ 技能训练 ▶

1.粗坯修整：选用比较粗长的南瓜，用纵刀法将底部削一刀，使原料平稳稍斜立。在原料顶部两侧再各削一刀，呈上窄下宽的形状（图 1）。用横刀法刻出凤的大体轮廓。身体与尾部的比例为 1∶1.2（图 2）。

2.雕刻头颈部：在原料顶端 1/3 处雕刻头部。先用弧形刀法刻出凤冠。在凤冠前端用弧形刀法刻出上喙，再用同样的刀法刻出比上喙稍短的下喙。在凤嘴下端雕刻出一对肉垂。然后用执笔法在头部的两侧雕刻出细长的凤眼，眼角上挑。最后刻好颈部，并用 V 形戳刀戳出颈部的两三层羽毛（图 3）。

图1　图2　图3

3.雕刻身体：用横刀法将身体修整成稍长的鹅蛋形。在身体两侧、胸部后面确定一对翅膀。给翅膀刻三层羽毛：第一层小覆羽，形如半圆；第二层是中覆羽，形如椭圆；第三层是飞羽，稍微比第二层的羽毛长些，羽毛层层相叠（图 4）。

4.雕刻脚爪和尾部：用执笔法在身体下端两侧刻出一对细长的脚和爪，然后用 V 形戳刀在尾部戳出三条曲线，接着用执笔法分别在三条曲线的两边刻出柳叶状或火焰状的羽毛外形，再将多余的废料去除，使尾部前端与原料分离，让尾羽飘逸（图5）。

5. 拼装凤冠和相思羽：另取原料，用主雕刀刻出云彩状的前冠和一对相思羽，然后用牙签或黏合剂将其拼装到凤的头部和背部即可（图6）。

图4　图5　图6

◀ 拓展空间 ▶

国家级非物质文化遗产——龙凤旗袍手工制作技艺

旗袍源于清代旗女之袍，龙凤旗袍将这一传统的贵族旗女袍服演变为平民化的女性时装，成为上海海派旗袍的精华。

龙凤旗袍制作技艺源于苏广成衣铺，其历史可追溯到清乾隆末龙凤旗袍制作工艺的第一代传人朱林清。他于1936年创办了"朱顺兴"中式服装店，将传统中式服装制作技艺运用到海派旗袍上，以精工制作时尚高档旗袍闻名沪上。

龙凤旗袍的特色在于全手工、高质量的个性化精工制作，继承了濒临失传的苏广成衣铺镶、嵌、滚、宕、盘、绣的传统工艺。精选的面料和通过手工镂、雕、绣形成的图案，以及寓意吉祥的盘扣，体现了中国传统文化的特色。

◀ 温馨提示 ▶

1. 雕刻时，应掌握好凤凰各个部位的比例关系：身体与尾部的比例为

1∶1.2；头颈部与躯干的比例为1∶1。

2.雕刻时，要抓住凤凰的外形特征，使凤冠流畅，前冠形如灵芝，眼细长，眼角上挑，肉垂与雄鸡的肉垂相似，相思羽与鸳鸯的一样，为半个月牙形。

3.应把握好凤凰高贵而典雅的神韵。

4.本作品的整雕难度很大，建议先进行分项练习，再进行整体雕刻。

5.用上述方法，可雕刻锦鸡、绶带鸟等作品，雕刻的关键是抓住作品头、尾部的特征。

◆考核标准◆

项目	标准	分值
德育	能从中国传统文化中汲取创作灵感，善于从日常生活中发现美	30
	节约用料，能养成良好的成本管理习惯	
	能够将工匠精神、创新精神融入作品雕刻中	
理论	了解凤凰的文化寓意及该雕刻作品的适用场合	20
	掌握凤凰的形态特征和身体比例关系	
技能	准确把握作品的尺寸和各部位的比例关系，灵活运用各种雕刻技法	50
	比例协调、刀工细腻	
	动态十足、造型逼真	
	能合理选用雕刻用料	
	能在120分钟内完成作品	

49
练习 **雕刻孔雀迎宾**

◆ **知识要点** ▶

1. 寓意与作用：孔雀，是禽类中体形较大的一种，其造型独特，特别是雄孔雀，羽毛色泽绚丽，尾羽长大。在中国传统文化中，孔雀被视为吉祥、善良、美丽、华贵、自信的象征。该作品造型适用于各种中高档宴席、菜肴的装饰及展台布置。

2. 常用原料：雕刻孔雀迎宾的常用原料是质地结实、体积较长大的瓜果、根茎类原料，如实心南瓜、白萝卜等。

3. 常用工具：雕刻孔雀迎宾的常用工具有主雕刀、V 形和 U 形戳刀等。

4. 常用手法：雕刻孔雀迎宾的常用手法有纵刀法、横刀法、执笔法、戳刀法等。

长形南瓜 1 个，重约 5 斤

◀ 技能训练 ▶

1. 修整粗坯：选择比较粗大的南瓜，在底部削一刀，使原料能平稳直立。在原料顶部两侧各向下削一刀，呈上窄下宽的形状。按所构思的孔雀姿态，用混合刀法修出孔雀的大体轮廓（图 1、图 2）。

2. 雕刻头颈部：用混合刀法将孔雀头部修整为椭圆略带三角的菱形。先用执笔刀法雕刻出孔雀嘴，接下来雕刻出眼睛。雕刻时要注意，眼睑处应有一块较大的孔雀雀斑。（图 3）。

3. 雕刻身体：用混合刀法将孔雀身体修整成稍大的鹅蛋形，并用相同的刀法在作品身体下端雕刻出一对细长的脚和爪（图 4）。

4. 雕刻翅膀：另取一块原料，确定出翅膀的初坯形状。先刻出孔雀翅膀稍向外凸的关节，然后用主刀或 U 形戳刀刻出翅膀上的小覆羽、中覆羽和飞羽，并用主刀或刻线刀在飞羽上刻出羽毛的纹路（图 5 至图 8）。

5. 雕刻尾羽：孔雀尾部羽毛呈扇面形，较长大，每层尾羽交错重叠。雕刻时，先用 V 形戳刀在作品尾部戳出第一层细长尾羽（图 9），另取原料，刻出孔雀的扇面形尾羽（图 10）。

6. 组装。用拼装的技法，将刻好的翅膀及尾羽按照由下而上、由外而里的顺序拼装在孔雀身上，调整成型。

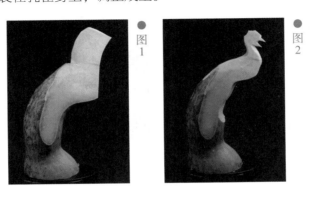

● 图 1

● 图 2

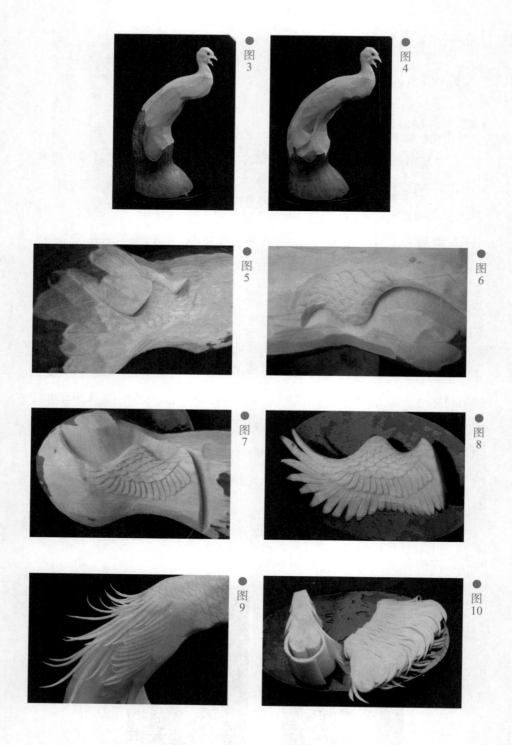

国家级非物质文化遗产——傣族孔雀舞

傣族孔雀舞是我国傣族民间舞中最负盛名的传统表演性舞蹈，流布于云南省德宏傣族景颇族自治州的瑞丽、潞西及西双版纳、孟定、孟达、景谷、沧源等傣族聚居区，其中以云南西部瑞丽市的孔雀舞（傣语为"嘎洛勇"）最具代表性。

在傣族人民心目中，"圣鸟"孔雀是幸福吉祥的象征。在傣族聚居的坝区，只要是尽兴欢乐的场所，傣族人民都会聚集在一起，敲响大锣，打起象脚鼓，跳起优美的孔雀舞。瑞丽傣族孔雀舞舞者以男性居多，有丰富多样的手形动作和跳、转等技巧，四肢和躯干的各个关节要重拍向下屈伸，全身均匀颤动，形成优美的"三道弯"舞姿。"飞跑下山""林中窥看""漫步森林""抖翅""点水"等动作惟妙惟肖。

孔雀舞具有维系民族团结的意义，其代表性使它成为傣族最有文化认同感的舞蹈。

1. 孔雀头部呈三角菱形，颈部不能太僵硬，要尽量刻得圆滑、灵活、丰满些。

2. 孔雀身体和尾部之间的比例为 1∶1.5。

3. 孔雀尾部的雕刻和组装效果可以说是整个作品成功的关键。组装时应注意，中间的尾羽长，两边的尾羽逐渐缩小变短。组装好的尾羽应呈扇面形。

4. 应抓住孔雀的外形特征，展现孔雀华贵、自信的姿态。

项目	标准	分值
德育	能从中国传统文化中汲取创作灵感，善于从日常生活中发现美	30
	节约用料，能养成良好的成本管理习惯	
	能够将工匠精神、创新精神融入作品雕刻中	
理论	了解孔雀的文化寓意及该雕刻作品的适用场合	20
	掌握孔雀的形态特征和身体比例关系	
技能	准确把握作品的尺寸和各部位的比例关系，灵活运用各种雕刻技法	50
	比例协调、刀工细腻	
	动态十足、造型逼真	
	能合理选用雕刻用料	
	能在 120 分钟内完成作品	

50

练习 雕刻骏马奔腾

◆ 知识要点 ◆

1.寓意与作用：马，是家畜中的一种，体形矫健，四肢发达，善奔跑。在中国传统文化中，马多被赋予不畏艰辛、锐意进取甚至宏图大略的含义。该作品造型适用于各种中高档宴席、菜肴的装饰及展台布置。

2.常用原料：雕刻骏马奔腾的常用原料是质地结实、体积较长大的瓜果、根茎类原料，如实心南瓜、白萝卜等。

3.常用工具：雕刻骏马奔腾的常用工具有主雕刀、V 形和 U 形戳刀等。

4.常用手法：雕刻骏马奔腾的常用手法有纵刀法、横刀法、执笔法、戳刀法。

长形南瓜 1 个，重约 5 斤；胡萝卜 1 个，重约 1 斤

技能训练

1. 修整粗坯：取长宽比例约为 2∶1 的原料，将原料底部切平，使原料平稳而立。以执笔刀法在粗坯上用主刀确定出马头、颈部、前脚等身体轮廓的位置（图 1）。

2. 雕刻头颈部：先在作品头顶两侧刻出立起的呈三角形的耳朵，然后刻出前额到鼻端的轮廓，随后刻出头部的轮廓，再刻出上小下大略弯曲的圆柱体的颈部。再取一块胡萝卜原料，刻出飘逸的马鬃毛，从头顶组装到颈部的后方（图 2 至图 4）。

3. 雕刻身体与后腿：先在颈部的下前端雕刻出骏马健壮的胸部，然后把马背稍向下凹的曲线轮廓和腹部的外凸曲线轮廓刻好，使臀部较圆润，后腿上部较粗大、下部明显较细（图 5）。

4. 雕刻前腿：取两块长方形原料，粘在作品胸部两侧，并刻出一对奔腾状的前脚（图 6）。

5. 雕刻尾部及底座：另取一块胡萝卜原料，刻出向后飘动的马尾鬃毛，将马尾组装到相应位置处，最后将马体下面的原料刻成草坡或山石状。

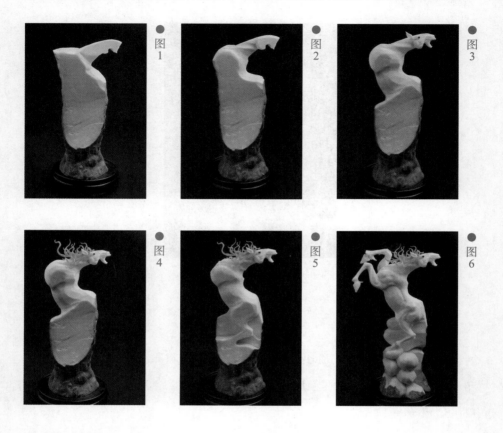

图1 图2 图3 图4 图5 图6

◆ 拓展空间 ◆

昭陵六骏

　　昭陵，是指唐太宗李世民和文德皇后的合葬墓，位于陕西省礼泉县，其北面祭坛东西两侧有六块骏马青石浮雕石刻。这组石刻分别表现了唐太宗在开国重大战役中所乘战马的英姿，分别名为拳毛骗、什伐赤、白蹄乌、特勒骠、青骓、飒露紫。为纪念这六匹战马，李世民令工艺家阎立德和画家阎立本（阎立德之弟），用浮雕描绘六匹战马列置于陵前。每块石刻宽约2米、高约1.7米。昭陵六骏造型优美，雕刻线条流畅，刀工精细、圆润，是古代石刻艺术珍品。

◆ 温馨提示 ◆

1. 雕刻时，应注意把握马各部位的结构和比例关系，特别要刻出其强壮的骨骼和主要的肌肉结构。

2. 雕刻时，应能体现马的动态、动势和神韵。雕刻鬃毛要有起伏度，脚的关节、马蹄的结构要分明、清晰。不能把脚刻得太粗，以显臃肿。

3. 要用 U 形戳刀确定出作品身体的形状，尽量减少刀痕。

4. 用此技法可雕刻牛、羊等家畜。

◆ 考核标准 ◆

项目	标准	分值
德育	能从中国传统文化中汲取创作灵感，善于从日常生活中发现美	30
	节约用料，能养成良好的成本管理习惯	
	能够将工匠精神、创新精神融入作品雕刻中	
理论	了解骏马的文化寓意及该雕刻作品的适用场合	20
	掌握骏马的形态特征和身体比例关系	
技能	准确把握作品的尺寸和各部位的比例关系，灵活运用各种雕刻技法	50
	比例协调、刀工细腻	
	动态十足、造型逼真	
	能合理选用雕刻用料	
	能在 120 分钟内完成作品	

51
练习 **雕刻蛟龙出海**

◆ **知识要点** ▶

1. 寓意与作用：龙，是中国人独特的文化符号。"龙的精神"是中华民族的象征，中国人以能够成为龙的传人而感到无比自豪。

龙是古人所创造并神化了的一种动物图腾。它集多种动物的特点于一体，如鹿的角、牛的鼻、虎的嘴、狮的毛、蛇的身、鹰的爪等。此作品造型可用于高档宴席和展台，适用于各种中高档宴席、菜肴的装饰及展台布置。

2. 常用原料：雕刻蛟龙出海的常用原料主要是质地结实、体积较长大的瓜果、根茎类原料，如实心南瓜、白萝卜等。

3. 常用工具：雕刻蛟龙出海的常用工具有主雕刀、V形和U形戳刀等。

4. 常用手法：雕刻蛟龙出海的常用手法有纵刀法、横刀法、执笔法、戳刀法。

胡萝卜 4 个，重约 3 斤；白萝卜 2 个，重约 3 斤

◆ 技能训练 ◆

1. 雕刻头部：取一段胡萝卜原料，将其修整成长宽比例约为 2：1 的长方形后，再进一步修整成前端薄后端宽的梯形粗坯（图 1）。

2. 雕刻龙头：分步骤雕刻出龙头的各部位。

首先，雕刻龙眼、龙眉及龙鼻。

（1）在粗坯前端较薄处靠近边沿的部位，用主刀下刻 0.5~1 厘米深，再斜刻出一个斜凹面（图 1），供雕刻龙鼻时用。用同样方法在斜凹面左侧刻出另一个凹槽（图 1），供雕刻龙眼时用。去掉废料。

（2）在凹槽面上刻出蛟龙火焰状的眉毛，以及眉下前圆后尖的眼睛（图 2）。

（3）在斜凹面两侧刻两个斜面，然后用 U 形刀在两个斜面上分别刻出左右鼻翼和鼻孔。注意将鼻尖刻低一些（图 2）。

其次，雕刻龙嘴、龙牙、龙须。

（1）将龙头两侧略内凹、前窄后宽的关系刻好，然后刻出嘴巴上边的轮廓，其长度由鼻尖下至眼睛中间下方（图 3）。

（2）再刻龙牙。嘴巴最前端和嘴角的两个獠牙呈半个月牙形、稍长大些。从嘴角往下斜刻出张开的嘴巴的下边的轮廓（图 3）。

（3）用 V 形戳刀或主刀刻出鼻子前的胡须，然后刻出牙齿、舌和下巴上的胡须（图 4）。

（4）以嘴角为中点，刻出龙面颊的两三块弧形肌肉和其后放射状的尖刺形的腮。去掉一层废料，再刻出呈放射状的龙须（图 4）。

（5）在眼角后方刻出呈三角形的耳朵，从额头一直向后延伸的、后面叉开的龙角。去掉多余的废料（图 5）。

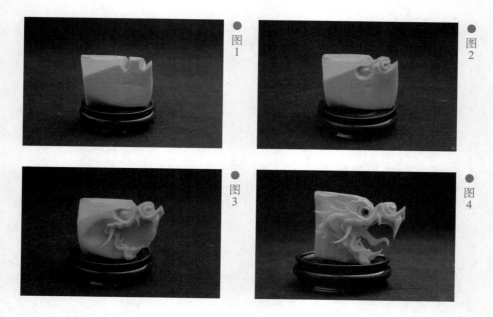

图1　图2　图3　图4

3. 雕刻龙身（图6）。

（1）取较长大的实心胡萝卜原料，先将其修整成长宽比为2：1的三块长方体。

（2）将这三块长方体原料分别刻成三段弯曲的圆柱体粗坯，作躯干用。雕刻时应注意，颈部和尾部的躯干要稍细一些。

（3）在圆柱体粗坯上刻出身体背部的鳞片和腹部横向的鳞纹，以及火焰状的尾巴。

（4）刻出薄片的齿刺状龙脊，并用黏合剂组装于龙身的背脊处。

4. 雕刻龙爪：取四块长方体粗坯，分别刻出龙爪（图7、图8）。

5. 雕刻波浪：用长方形白萝卜原料刻出大小不一、起伏的波浪。

6. 组装：将龙头、龙身、龙爪用黏合剂和竹签组装成一条完整的龙，再把刻好的波浪组装于龙身下面。波浪的大小、长短和高低起伏，可视整体造型效果的需要适当增添或删减。

图5

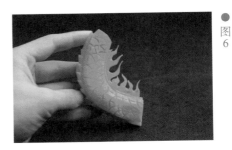

图6

图7

图8

拓展空间

中国龙

龙，是中国神话中的一种善变化、能兴云雨、利万物的神异动物。传说它能隐能显，春风时登天，秋风时潜渊。又能兴云致雨，为众鳞虫之长，四灵（龙、凤、麒麟、龟）之首，后成为皇权的象征。历代帝王都自命为龙，所用器物也以龙为装饰。前人分龙为四种：有鳞者，称蛟龙；有翼者，称应龙；有角者，称虬龙；无角者，称螭龙。

对现代中国人来说，龙的形象更是一种符号、一种情感，"龙的子孙""龙的传人"这些称谓，常令人们激动、奋发、自豪。

龙的文化除了在中华大地上传播外，还被远渡海外的华人带到了世界各地，在世界各国的华人居住区或中国城内，最多和最引人注目的饰物仍然是龙，因而，"龙的传人""龙的国度"等称谓获得了世界的认同。

1. 雕龙头的粗坯的大小、长宽、厚度的比例要适当，否则会影响成品效果。

2. 龙头的结构较复杂，要处理好每个结构之间的变化和互相的组合关系。具体说，要想眼睛有神，就要将其刻得适当大点、圆点；鼻梁要低、鼻子要短，但鼻头要宽大些；嘴要大，牙齿要尖锐，角要长大，形似鹿角；龙须要呈放射状，要刻得线条流畅、清晰，既飘逸又有张力。眼珠的表现手法有三种：一是圆球状的，二是在眼球前端再刻出瞳孔，三是用小赤豆、八角籽等组装于眼窝处。

3. 龙身的大小、长短要与龙头的比例协调，结构要合理，弯曲要自然。

4. 龙爪的大小同样要与龙头、龙身的比例关系协调，不能太小也不要过大。爪与鹰爪一样要刻得锐利有力。

5. 龙其实是一种集多种动物（牛、鹿、蛇、虎等）的造型特点于一体的理想化的图腾，在实际雕刻时，并没有真实的物象进行参考和比照，只能按前人约定俗成的造型作为参照，这就给了我们更多的创作空间。

6. 波浪变化较大且没有固定的模式，这就给雕刻带来了一定的难度。雕刻时，应善于寻找雕刻波浪的规律，虽然波浪的大小、起伏不一，但它们都是由弯度不同的曲线所构成的。

7. 由此技能可雕刻不同姿态的龙。也可用龙头与龟身、鱼身、马身相结合雕刻出鳌龟、鳌鱼、麒麟等瑞兽。

◀ 考核标准 ▶

项目	标准	分值
德育	能从中国传统文化中汲取创作灵感，善于从日常生活中发现美	30
	节约用料，能养成良好的成本管理习惯	
	能够将工匠精神、创新精神融入作品雕刻中	

项目	标准	分值
理论	了解蛟龙的文化寓意及该雕刻作品的适用场合	20
	掌握蛟龙的形态特征和身体比例关系	
技能	准确把握作品的尺寸和各部位的比例关系，灵活运用各种雕刻技法	50
	比例协调、刀工细腻	
	动态十足、造型逼真	
	能合理选用雕刻用料	
	能在 120 分钟内完成作品	

后　记

《食品雕刻》第 1 版教材由桂林市旅游职业中等专业学校张玉、蒋廷杰、苏月才、叶剑、周煜翔、张哲在 2008 年首版《食品雕刻教与学》的基础上修改编写。此次改版保留了经典雕刻作品，同时更新了近十年来烹饪行业最流行的食品雕刻技法及作品，并对 44 个雕刻作品进行了美化和精心设计，重新组织拍摄了成品图片。文中示例菜品由张玉、高毅拍摄。

《食品雕刻》第 2 版教材由原班人马修订。此次修订，主要根据中餐岗位实操需要，选择典型工作任务拍摄制作了 8 个教学视频，内容涉及基础雕刻技能、花卉雕刻技能和鱼虫器皿雕刻技能。

《食品雕刻》第 3 版教材由桂林市旅游职业中等专业学校和旅游教育出版社共同修订。原班人马负责编写"考核标准"中的"技能"考核部分；张玉负责编写每篇的"学习导读"部分；旅游教育出版社景晓莉负责编写 34 个雕刻作品的"拓展空间"及"考核标准"中的"德育"和"理论"考核部分，并对彩色插图进行了修图和整理工作；文前的"教学及考核建议"参考了桂林市旅游职业中等专业学校蒋湘林老师主编的同系列教材《西式面点制作》。

教材的编写是一个不断完善的过程，恭请各位专家对本教材批评指正。

作者

2023 年 6 月